# はじめに

国際政治上の現象の多くは、直接、目にすることができない。たとえば、戦争は実際にどこかの地域で起きているが、戦争という現象全体をひとりの人間がすべて体験することはできない。もちろん、武器を手にして戦っている兵士や、戦闘に巻き込まれて難民になった市民は数多く存在する。彼らの経験は、戦争を理解するために大変重要だ。だが、それでもその経験は戦争のごく一部に過ぎず、それだけで戦争全体を説明することはできない。戦争に限らず、国際政治上の現象は規模があまりにも大きい。個人の体験以上の巨視的な説明がどうしても必要になる。

人類は、戦争をはじめとする様々な国際政治上の現象をデータに変換し、それによって全体を把握しようとしてきた。たとえば、戦死者数、難民数、乳児死亡率、妊産婦死亡率、貧困ラインを下回って生活している人口など、国際政治に関しては多種多様なデータが存在する。

こうしたデータ収集の要請は、二〇〇〇年代以降、ますます高まっている。たとえば、「持続可能な開発目標（SDGs）」はその最たるものだ。SDGsには二〇三〇年までに国際社会が取り組むべき目標が数多く盛り込まれているが、そこには二三二種類もの指標が含まれ、進捗《しんちょく》状況を数値で把握できるようになっている。SDGsに代表されるように、もし、この本を書いている二〇二〇年代を一言で言い表すなら、「ファクトの時代」と呼べるだろう。あらゆる政策がファクト、すなわち具体的なデータに基づいて立案、評価されるべきだと多くの人が考えているからだ。

政策がファクトを必要とする一方で、世界中でフェイクニュースが大きな問題になっている。二〇一六年には、オックスフォード大学出版局が「ポスト真実（post-truth）」という言葉をワード・オブ・ザ・イヤーとして選んだ。インターネット上には、真偽不明の情報が大量に流通し、それらに流された人々が様々な選挙運動や社会運動を展開した。社会はファクトの重視とは逆向きのベクトルも示している。真偽不明の情報に対応するには、市民一人ひとりのリテラシー（ある分野の理解力、および必要最低限の知識）が必要と言われるが、国際政治上のデータについてのリテラシーは、どうすれば高めることができるのか。

本書は、多種多様な国際政治上のデータのなかでも、戦争のデータについて考える。

戦争は、国際政治上の現象のなかでも最悪のもののひとつだ。それゆえ、戦争全体を把握するために、データの収集がどうしても必要になる。では、戦争のデータは、どこまで実際の現象を反映しているのか。つまり、世界のどこかで誰かが戦火に苦しむなか、そのデータは誰かが体験している戦争をどこまで正確に表象しているのか。そもそも、その戦争のデータは、誰がどのような目的で、どのような方法でつくっているのか。戦争のなかでも、データに変換される事象と変換されない事象があるとして、それらはどのように選択されているのか。わたしたちはデータから本当に戦争の実像を知ることはできるのだろうか。

これらが本書の問いである。本書はこれらの問いに答えるために記した。戦争のデータそのものが情報戦の一部となり、フェイクニュースが大量に流れる昨今の状況に鑑《かんが》みれば、この問いはきわめて重要である。

ただし、戦争データの生成構造を分析した研究は、それほど多くはない。戦争データの研究は様々な領域や分野に細かく散らばり、全体像が捉えづらい。それゆえ、本書は戦争のデータについて考えるための「見取り図」を提示する。また、戦争のデータを理解するうえで、必要最低限の知識を提供する。そのために、戦争や国際法の研究に加えて、統計学、法医学、化学兵器などの研究も参照する。ただし、本書は何らかのテーゼを立証するものではなく、世界の見方を示すものである。

本書の分析視角は、科学技術社会論（Science and Technology Studies）の分野に類する。科学技術社会論とは、社会と科学的知ならびに技術がどのような関係にあるのか分析する研究分野である。

かつて科学は価値中立的で、より優れた科学的知こそ、最適な実践や政策を導くと考えられた。ところが、一九七〇年代以降、科学技術社会論の研究者らは、特定の科学的知や技術が誰によって、どのように生成され、社会とどのような関係にあるのかを詳細に分析することで、その見方に異を唱え始めた。彼らによれば、科学の世界では、しばしば仮説や理論が競合したまま解決を見ないために、科学的知や技術が不確定なものとなっている。また、それらが時に政治、社会、経済から少なからぬ影響を受けてきたことを明らかにした。二〇〇〇年代に入ると、そうした研究成果を前提にしつつも、この分野の研究者はあらためて専門知の社会的意義を基礎づけなおそうと努力してきた。[*1]

戦争データは、時に軍事力の行使に関わる重大なものである。たとえば、ある地域の紛争で化学兵器が使用されたことを理由に大国が軍事介入する場合、「化学兵器が使用された」という戦争データがそのきっかけになる。それほど重要なものであるにもかかわらず、戦争データはこれまで誰がどのように生成してきたのか、十分に分析されてこなかった。本書は科学技術社会論がそうしたように、戦争データの多くが不確定であることを指摘する。しかし、そのうえで科学的耐久性を備えた戦争データを生成しようとしてきた人々の苦闘にも光を当て、この領域での専門知の社会的意義が十分に存在することも明らかにするつもりである。

本書を読めば、何気なくメディアで見ている「戦争」のイメージが変わるはずだ。メディアで見ている「戦争」は、実際の戦争ではない。あくまで戦争データの束である。ならば、メディアが流す戦争データは、どこまで実際の戦争を反映しているのか。それらは、どのようにつくられているのか。本書が明らかにする見取り図を読者が理解したとき、国際政治のリテラシーを高めることができるだろう。自分たちが見ている「戦争」のイメージがいったい何をどこまで反映し、どこまで信頼できるのか。それを冷静に観察する力が多少なりとも身につくはずである。

目次

## 略語一覧

| | | |
|---|---|---|
| AAAS | American Association for the Advancement of Science | アメリカ科学振興協会 |
| CEH | Comisión para el Esclarecimiento Histórico | 真相究明委員会 |
| CIIDH | Centro Internacional para Investigaciones en Derechos Humanos | 人権調査国際センター |
| CSCE | Conference on Security and Cooperation in Europe | 欧州安全保障協力会議 |
| FDR | Frente Democrático Revolucionario | 民主革命戦線 |
| FMLN | Frente Farabundo Martí para la Liberación Nacional | ファラブンド・マルティ民族解放戦線 |
| FSA | Free Syrian Army | 自由シリア軍 |
| GBD | Global Burden of Disease | 世界の疾病負担研究 |
| HRMMU | UN Human Rights Monitoring Mission in Ukraine | 国連ウクライナ人権監視団 |
| ICC | International Criminal Court | 国際刑事裁判所 |
| ICMP | International Commission on Missing Persons | 国際行方不明者委員会 |
| ICRC | International Committee of the Red Cross | 赤十字国際委員会 |
| ICTR | International Criminal Tribunal for Rwanda | ルワンダ国際刑事裁判所 |
| ICTY | International Criminal Tribunal for the former Yugoslavia | 旧ユーゴスラビア国際刑事裁判所 |
| IFOR | Implementation Force | 和平履行部隊 |
| IHME | Institute for Health Metrics and Evaluation | 保健指標評価研究所 |
| MSE | Multiple Systems Estimation | 多重システム推算法 |
| OHCHR | Office of the High Commissioner for Human Rights | 国連人権高等弁務官事務所 |
| OPCW | Organization for the Prohibition of Chemical Weapons | 化学兵器禁止機関 |
| PHR | Physicians for Human Rights | 人権のための医師団 |
| REMHI | Recuperación de la Memoria Histórica | 歴史的記憶の回復プロジェクト |
| SNC | Syrian National Council | シリア国民評議会 |
| UNDP | United Nations Development Programme | 国連開発計画 |
| UNMOVIC | United Nations Monitoring, Verification and Inspection Commission | 国連監視検証査察委員会 |
| UNPROFOR | United Nations Protection Force | 国連保護軍 |
| UNSCOM | United Nations Special Commission | 国連大量破壊兵器廃棄特別委員会 |
| UNSMIS | United Nations Supervision Mission in Syria | 国連シリア監視団 |
| UNYOM | UN Yemen Observation Mission | 国連イエメン監視団 |
| WHO | World Health Organization | 世界保健機関 |

# 戦争とデータ——死者はいかに数値となったか

## 凡例

・引用文中の〔 〕はすべて筆者による補足である。

・引用文中の「 」は原文の〝 〟（または« »）に対応している。

・邦訳がないものは筆者が訳出した。また邦訳があっても、訳出の参考にとどめたものもある。

・注での文献の表記については、初出の際にはできるだけ完全な書誌情報を記し、二回目以降は著者の姓と簡略化した題名（および頁数）のみを記す。

# 序章　専門家の発言はすべて正しいのか

　ある日、とある大学教員が授業の準備をしていた。彼は一九九〇年代に起きたボスニア・ヘルツェゴビナ紛争について調べていたが、この紛争を授業で取り上げるうえで、最低限、何を学生に伝えるべきか悩んでいた。まずは戦争が起きた場所、戦争が継続した期間、関与したアクターが誰かを明らかにする必要があるだろう。そして、戦死者数も調べなくては、と考えた。

　ボスニア・ヘルツェゴビナ紛争の戦死者数は、いったい何人か。インターネットで調べたところ、二〇万人という数字が出てきた。ところが、さらに調べると一〇万人という数字も出てきた。ほかにも様々な数字があるようだ。教員は頭を抱えた。結局、この戦争で何人が命を落としたのか。なぜこのような差が出てくるのか。

　この教員は筆者がモデルだが、実際にこのような体験をした人は、かなりいるかもしれない。国際政治に関するデータは多種多様だが、もっとも信頼できるデータを選び出すのは、専門家でも決して容易ではない。本論の前提として、国際政治のデータの「揺れ」について考えてみたい。具体的にどういうデータに揺れがあり、どういう経緯で生じているのか見ていこう。

## 1　データの不確定性——政治的影響、生成方法の違い

### マラリアの死者数が異なる

国際政治に関するデータは多種多様だが、とりわけ、データに関する議論が活発なのが保健衛生の領域である。

保健衛生のデータは、たとえば、各国の乳幼児死亡率、妊産婦死亡率、特定の感染症の罹患率などが知られる。国家や国際組織による保健衛生政策の進捗や成果を評価するにはデータが不可欠で、そのデータ次第で政策予算が大きく変化する。それゆえ、データはしばしば関係するアクターの利害が衝突する場になる。まず保健衛生のデータの事例を通じて、データの不確定性について考えてみたい。

二〇一二年、ワシントン大学の保健指標評価研究所（IHME）が、「世界の疾病負担研究（GBD）」の調査結果を発表した。その調査結果には、マラリアによる死亡者数のデータが含まれていたが、それが保健衛生の世界で物議を醸した。

調査結果によれば、世界のマラリアによる死亡者数は、一九八〇年におよそ九九万五〇〇〇人で、その後、二〇〇四年には一八一万七〇〇〇人まで上昇し、一〇年に一二三万八〇〇〇人にまで減少したという。[*1]この数字の変遷には、どういう意味があるのか。

マラリアとは、マラリア原虫をもった蚊に刺されることで感染する病気である。この病気は長年

にわたり、人類を苦しめてきた。世界保健機関（WHO）は一九五五年から一〇年以上かけて、マラリアの根絶プログラムに取り組んだものの、莫大な資金と人員を投入しながら目標を達成できずに終わった。[*2]

その後、一九九〇年代末、WHOは世界銀行（世銀）やユニセフ、国連開発計画（UNDP）などと協力し、中・低所得国でのマラリア対策を展開した。[*3] 当然、WHOもマラリアについては、死亡者数をはじめとする関連データを定期的に収集、公表してきたが、それが、先に紹介した二〇一二年のIHMEによる調査結果と大きく異なっていたのである。

二〇〇四年がマラリアによる死亡者数のピークであることは、WHOのデータもIHMEのそれと一致している。しかし、数字そのものが大きく違った。たとえば、二〇一〇年のマラリアの死亡者数について、IHMEが一二三万八〇〇〇人としたのに対して、翌一一年のWHOの報告書は六五万五〇〇〇人とした。なんと二倍近くも違うのである。

さらに、WHOがマラリアの死者の八六％が五歳未満の子どもであるとしたのに対して、[*4] IHMEは五七％程度であるとした。[*5] つまり、WHOのデータは、マラリアが乳幼児の問題であると示唆したが、IHMEのデータは、それが乳幼児に限らない重大な死因であると示唆したのである。

### 政治的影響と生成手法の違い

二〇一二年は、保健衛生のデータにとって画期的な年だった。この年はIHMEが初めて調査結果を世界に向けて発表した年で、これが保健衛生の世界を大きく変えた。では、IHMEとはどういう組織なのか。
ＩＨＭＥは、二〇〇七年に保健衛生データの専門家であるクリストファー・マレーが、ビル＆メリンダ・ゲイツ財団の資金援助を受けて、ワシントン大学に設立した組織である。
マレーは元々ハーバード大学の研究者だった。一九九八年から五年間ＷＨＯに勤務し、各国の医療システムの機能状況を比較し、ランク付けするプロジェクトに携わった。これによって、世界各国の医療システムレベルの比較が可能になるはずだったが、それが政治的な論争を巻き起こした。以降、ＷＨＯはこれに懲りたのか、こうしたランク付けを公表しなくなった。その結果に大いに傷ついたマレーは、二〇〇三年、ＷＨＯからハーバード大学に戻り、政治的に干渉を受けない保健衛生データを生成する学術研究機関を立ち上げることにした。その構想にビル・ゲイツが賛同してできた組織こそ、ＩＨＭＥなのである。[*6]
ＩＨＭＥとＷＨＯのデータの違いは、マラリアの死亡者数だけではなかった。妊産婦死亡率などでも違いが見られた。果たしてＩＨＭＥとＷＨＯの調査結果の違いには、どういう意味があったのか。
以前からＷＨＯの保健衛生データは、政治的な影響を受けやすく、科学的な査読を十分に受けていない、不確かなものであるとする批判が少なからずあった。[*7] ＩＨＭＥは、ＷＨＯと比べれば、分析対象の国々からの圧力を受けにくいとされる。こうして、この二〇一二年のＩＨＭＥによる調査結果は、大きな論争を巻き起こしたのである。[*8]
ここでは保健衛生データの問題にこれ以上深く立ち入らないが、この事例はデータについての示唆に富んでいる。

第一に、国際政治に関するデータの生成は、政治的な影響を受ける可能性がある。WHOに限らず、国際組織によるデータは「政治的な影響を受けない、常に中立なもの」とは言い切れない。たとえば、二〇二一年、世銀が毎年公表してきた「ビジネス環境ランキング」の一部では、中国やサウジアラビアの順位が不正に引き上げられるなどの操作があったと報道された。[*9] このように国際組織のデータだから公正中立で信頼できる、とは限らない。データの生成は、政治と決して無関係ではない。

第二に、仮に政治的な影響を受けていない場合であっても、データの生成手法の違いが、結果に大きな差をもたらす可能性がある。

問題は、それが専門家以外には理解しがたいということである。IHMEは、WHOとは異なる、より複雑な統計処理をデータ生成の際に行っている。それが具体的にどういうものなのか、専門家以外には理解するのが難しく、結果、不透明になっているという指摘がある。[*10]

これまでIHMEが調査結果を発表してきたのは、世界的に権威のある査読制の医学雑誌『ランセット』である。当然、発表に際しては査読が行われてきた。それゆえ、科学的に十分耐久性の高いデータが発表されているはずである。けれども、IHMEの調査に関わる研究者の人数があまりにも膨大であるため、そこから独立した専門家を見つけるのが、実のところ、非常に難しくなっている。

## 文民死者数は何割か

いま述べたのは保健衛生データの話だが、本書のテーマである戦争のデータについてはどうか。おそらく、もっともデータの揺れが問題になってきたのが、「戦争での文民死者数の割合」である。ここでの文民とは、軍隊などの組織に属さず、戦闘に巻き込まれても反撃する能力を持たない民間人のこと、としておこう。英語で言えばcivilianで、これは専門書だと「文民」と訳され、新聞だと「民間人」と訳される傾向にある。

第2章で詳細に論じるが、国際人道法によれば、戦争では文民を意図的に攻撃対象にしてはならない。それでも実際の戦争では、文民が戦闘の巻き添えによって死亡する事例が後を絶たない。それゆえ、文民が戦争でどれだけ死亡しているのかが、研究者や実務家の間で議論されてきた。

特に問題になったのは、一部の研究者や実務家が主張した「冷戦終結以降の戦争では、文民死者数が八割（あるいは九割）」とするテーゼだった。このテーゼは真か偽か。数字は本当なのか。いったい何を根拠にしているのか。これらについて検討してみたい。[*11]

## 八〇%の根拠は——「新しい戦争」論

議論の発端のひとつが、イギリスの国際政治学者メアリー・カルドーが一九九九年に発表した「新しい戦争」論だった。そのなかで彼女は、冷戦終結以降の戦争では文民死者数が八割であると指摘した。

「新しい戦争」論とは、冷戦終結後、グローバル化の影響を受けた、新しいタイプの内戦が主流の戦争になっているとする議論である。この新しい戦争では、民族や宗教などのアイデンティティをめぐる政治闘争が主要な対立点になり、多くの文民が攻撃の対象になってきた、とされる。この新しい戦争の議論は、安全保障の研究や政策に多大な影響を与えた。

カルドーは『新戦争論』のなかで次のように述べている。

二〇世紀初頭には八五～九〇％の戦死者は軍人であった。第二次世界大戦では、戦死者のおよそ半数が一般市民であった。そして、一九九〇年代後半には一〇〇年前の割合とほぼ正反対にまで逆転している。即ち現在ではおよそ八〇％の戦死者が一般市民なのである。[*12]

新しい戦争では、アイデンティティをめぐる政治闘争が主要な対立点であるため、兵士／文民の区別よりも、民族や宗教の差異が前面に出てくる。それゆえ、一般市民が攻撃対象になる、というわけである。

問題はこの「八〇％の戦死者が一般市民」という記述である。

カルドーは八〇％という数字について、自分自身で計算を行ったと注で述べている。[*13] では、その計算の元になったデータは何か。カルドーはそれを『世界の軍事部門の再構築　第一巻：新しい戦争』（一九九七年）のイントロダクションで説明している。[*14] それによれば、データソースは、経済学者ルース・レガー・シヴァードの『世界の軍事・社会支出　第一六版』（一九九六年）と、オスロ国際平和研究所（当時）のダン・スミスによる『戦争と平和の世界地図』（一九九七年）だという。[*15]

では、シヴァードの『世界の軍事・社会支出　第一六版』には何が書いてあるのか。同書の戦争に関するセクションには、「今日（一九九〇年から九五年の期間）、すべての死傷者の九〇%以上が非戦闘員である」と書いてある。[16] ややこしいことに、カルドーは八割としたが、シヴァードは九割としている。そして、そこには一九〇〇年から九五年の間（つまり、二〇世紀全体）に起きた戦争および戦争関連死者の表があり、各戦争での文民死者数が記載されている（データがない場合には記載なし）。[17] おそらく、カルドーはこの表に基づいて計算したのだろう。

## 典拠のなかで歪んでいく数字

それでは、この表のデータソースは何なのか。注には、軍事史家ウィリアム・エックハルトが一九八二年の同書第八版に提供した記録をアップデートしたとの説明がある。[18] しかし、第八版はあくまで一九七〇年代の話が主であって、まだ九〇年代の武力紛争は発生すらしていない。また、エックハルトは一九九二年に死没しており、それ以降のデータは彼がアップデートしたものではない。版を遡《さかのぼ》ってみると、第一四版（一九九一年）に「一九九〇年、文民死者の割合は九〇%近くになったようである」[19]という記述が出てくる。この版はエックハルトが死没する直前で、やはり注には、彼が記録した数字との説明がある。[20] そして、参考文献は余白の都合で載せられないと書いてある。ここからは、少なくともエックハルトが収集した様々な文献がデータソースということがわかる。シヴァード（あるいはエックハルト）は、こうした文民死者数が決して信頼性の高いデータではないと注に記しており、その数値はあくまで参考程度の位置づけだった。

ならば、オスロ国際平和研究所のダン・スミスによる『戦争と平和の世界地図』（一九九七年）はどうだろう。そこには戦死者について、世界地図とともに次のように書いてある。「一九九〇年代前半、およそ五五〇万人の戦死者が発生した。その四分の三が文民で、そこには一〇〇万人の子どもが含まれる。[*21]」

この本では七五％の戦死者が文民だったという推算を行っている。ここもカルドーと微妙に違う。そして、やはり戦死者の数値は信頼性があまりない、文民死者数を数える機関もほとんどの戦争で存在しない、といった注意書きがある。では、この数値のデータソースは何だろうか。同書によれば、数値は国際報道機関を含むニュースメディアや公的な資料などを組み合わせて算出したものだという。[*22]

では、シヴァードやスミスが提示する数値は、どこまで正確なのだろうか。具体的な紛争として、一九九〇年代前半に発生したボスニア・ヘルツェゴビナ紛争の戦死者データを見てみよう。

シヴァードは、この紛争での死者数は二六万三〇〇〇人だったとしている。[*23] これに対して、スミスは「二〇万が一般に通用しているところでは安全な数字である」[*24]と述べている。スミスが言うように、一九九〇年代後半、多くの関係者が二〇万という数字を使用した。論者によってはもっと大きな数字に言及した。ところが、その後の研究では、より現実を反映しているのは「一〇万人」であるとされた（この数字の根拠については第4章で議論する）。このように、研究者の間で流通している数値がどれほど現実を反映しているのか、実のところ、容易にはわからないのである。

### ストックホルム国際平和研究所と、ユニセフ

「文民被害が八割（あるいは九割）」という記述は、カルドーの議論や彼女が参考にした文献以外にも見つかる。おそらく最初にこの数字を提示した文献のひとつは、ストックホルム国際平和研究所の一九九一年の報告書である。

そのなかに次の一節がある。「最近の報告によれば、一九八八年から一九八九年の間に行われた大規模な紛争では、紛争開始以来、一〇人の犠牲者のうち九人が文民である。[*25]」

ここで注意しなければいけないことが二つある。第一に、分析対象となっているのは、一九九〇年以前の戦争である。これは先ほど紹介した議論とは異なる。第二に、この「犠牲者」には死者だけでなく、難民など居住地を追われた人々も含まれる。死者だけだと何割なのかは、この報告書からはわからない。

では、そのデータソースは何か。それはスウェーデンのウプサラ大学が赤十字と協力して行った調査結果に基づく、『紛争死傷者：戦争被害者保護のための世界キャンペーン報告書』（一九九一年）である。同書は文民被害者についてこう分析する。

文民と軍人の死者が名簿化されている紛争地（すなわち一三ヵ所、全死者の五〇％に及ぶ）では、四人中三人の死者が文民である。

ほか二三ヵ所では利用可能な数値がないため、文民と軍人の死者を同数とする「保守的な」仮定（一三ヵ所の紛争地よりも低い数値）を置くことができる。

これによって、（紛争死者と居住地を追われた者を合わせた）すべての犠牲者のうち、一〇人中九人が文民であるという結果が導き出される。[*26]

この報告書は、一九八九年と九〇年のストックホルム国際平和研究所の報告書や、米国難民移民委員会の『世界難民調査報告―一九八九年』を参照して、この数値を算出したという。[*27] ただし、これらの報告書のどの部分のデータをどう参照したのかについては不明である。

このウプサラ大学の報告書を基に文民被害を論じた組織がもうひとつあった。それが国連機関のひとつで、子どもの命や健康を守ることを目的とするユニセフである。ユニセフの『世界子供白書一九九六』には、こう書いてある。「今世紀〔二〇世紀〕の最後の数十年間に、文民被害の割合は着実に増加してきた。第二次世界大戦では、三分の二だったが、一九八〇年代の終わりまでには、ほぼ九〇％になった。[*28]」この「犠牲者」のカテゴリーに何が含まれるのかは、この報告書だけではわからない。

## 信頼性の高い戦争データは少ない

このように「文民被害が九割」という数字は、ウプサラ大学やストックホルム国際平和研究所の報告書にも存在した。しかし、カルドーなどの議論と異なり、これらは一九九〇年以前の戦争を分析対象としていた。また、死者数だけの割合ではなく、居住地を追われた人々を含む割合だった。

結局のところ、一九九〇年代の戦争での文民被害は何割なのか。八割または九割という数字は、どこまで現実を反映しているのか。文献のデータソースをたどっただけでは、にわかにその正確性を判断することができないのである。

次章以降で論じるが、そもそも科学的に信頼性の高い戦争のデータは必ずしも多くない。その理由はいくつかある。

第一に、戦争のデータは、生成すること自体が困難だからだ。戦場は常に危険なため、データを収集する人々が自由に活動できない。戦っている当の軍隊ですら、それができないことがある。まして外部から中立な第三者が入って調査するのは、言うまでもなく危険である。

第二に、戦争のデータは、国家の安全保障と密接に関わるため、当事者が必ずしも正確なデータを公開するとは限らない。二〇二二年に勃発したウクライナ戦争では、ロシアは自軍の戦死者数をほとんど公開してこなかった。これは歴史的に見れば、よくあることで、場合によっては虚偽の情報を意図的に公開することも少なくない。それゆえ、戦争のデータは簡単に信じることができない。それでも、それしかデータがない場合には、それを使用するしかない。こうしてデータに歪《ゆが》みが出てくるのだ。

では、戦争のデータの不確定性に対して、どう向き合うべきなのか。ここでは論理的に考えられる三つの立場を提示する。

## ニヒリズム

最初に考えられるのは、あらゆる戦争のデータは、現実を十分に反映していないと考える立場である。これを本書はニヒリズムと呼ぶ。

この立場は、どのデータにも政治的な影響があると考える。データを生成した本人の自己利益の影響もあれば、データに関係する他者からの干渉もある。戦争のデータではないが、世銀の「ビジネス環境ランキング」でのデータ操作はその一例である。あるいは、データを生成する際に無意識に発生するバイアスの影響もある。

ニヒリズムはある意味で正しい。すべてのデータは、政治やバイアスの影響を受けている可能性がある。その問題を析出することは、より正確なデータの生成につながるかもしれない。しかし、データを疑いすぎると問題も発生する。

たとえば、国連がシリア紛争で化学兵器が使用されたと発表したとしよう。これに対して、ロシアがこれは虚偽の報告であると主張する。果たして、どちらの主張が正しいのか。ニヒリズムに従えば、「国連の主張もロシアの主張もいずれも怪しい。真実は闇のなかである」と考えるかもしれないが、果たしてそれでよいのだろうか。あるいは、人権NGOがイラク戦争で死亡した文民の総数を発表したとして、その数は科学的に不確定という理由から無視したとすれば、どうだろう。データが不確定だからといって無視してしまうと、問題そのものがないことになってしまいかねない。

### 楽観主義

その逆にすべての戦争のデータを信じるという立場も考えられる。これを本書は楽観主義と呼ぶ。

楽観主義に従えば、いちいち戦争のデータを疑っても仕方がないので、とりあえず正しいと仮定して行動する。たしかにこの立場にも一理ある。戦争について考えるときに、誰もがいちいちすべてのデータを疑い検証していては、きりがない。国家はもちろん、国連もNGOも自己利益から虚偽の報告をしていると考えていては、どんな政策も評価できなくなる。そして、戦争のデータの収集をあきらめることは、戦争そのものについて考えることを放棄することになりかねない。それゆえ、検証の手間を省いて、とりあえず、データを正しいものとして受け入れる楽観主義の立場が出てくる。

しかし、この立場にも問題はある。戦争のデータの場合、両立しないデータが複数出てくることがしばしばある。文民の戦死者数はその最たる例である。

たとえば、二〇〇一年に勃発したアフガニスタン戦争で、アメリカ軍が誤爆によって大規模な文民被害を出したとしよう。その際、アメリカ軍の発表、NGOの発表、国連の発表それぞれのデータが異なる場合、一体どれを信じてよいのか分からなくなる。すべてを信じるというわけにはいかない。なぜなら矛盾が発生するからである。足して割れば真実に近づくとも言えない。そのため、いつでもすべてのデータを楽観主義で受容するというわけにはいかないのである。

## 批判的機能主義

本書は、これら二つの立場に対して、第三の批判的機能主義の立場をとる。[*29]

この立場は、「正しいデータ／誤ったデータ」の二分法をできるだけ相対化しようとする。戦争のデータは、単に正しいか、間違っているか、といった単純な二択では割り切れない。戦場で完全に正確なデータを収集するのは不可能に近いが、だからといって、データの生成それ自体が不可能なわけではない。データがないことで問題が不問に付されるのは望ましくない。そこで正確性に留意しつつ、何らかのデータを受け入れることが必要になる。そのために、批判的機能主義は三つの分析視角からデータを検討する。

第一に、データの科学的耐久性である。

本書がこれから明らかにするように、戦争のデータは多種多様である。戦死者数を数えるデータもあれば、戦死者がどのように死亡したのか、その原因や法的責任を明らかにするデータもある。あるいは、使用された武器（たとえば、化学兵器）の種類や様態を調べて、国際法違反がないかどうか明らかにするデータもある。それぞれに使用される科学知識があり、それぞれに専門家が存在する。戦争のデータを見る場合、誰がどのような科学的手法で、どのような過程を経て、データを生成したのか検討し、そのデータの科学的耐久性がどれくらいのレベルなのか判断する必要がある。科学的耐久性は「ある／なし」で判断できるものではない。あくまで、複数のデータを比べて、相対的に高いか低いか、といった基準で判断することになる。

第二に、データの社会的信頼性である。

人間の性質としてややこしいのは、科学的に正しいデータだからといって、簡単に信じないことである。感染症が広まったとき、科学的に耐久性の高い情報であっても、デマにかき消されることがある。同じように、戦争のデータも科学的に耐久性が高くても、社会が受け入れるとはかぎらない。戦争のデータを見る場合、その社会的信頼性が相対的に低いのか、高いのかを判断することで、そのデータの性質がわかる。

第4章で触れるが、ボスニア・ヘルツェゴビナ紛争は、研究の結果、戦死者数一〇万人という数字が科学的にもっとも耐久性が高いとされたが、それがただちに社会的に受け入れられたわけではなかった。社会は戦争を経験したとき、何らかの物語を必要とする。なぜ戦争が発生し、誰がどのように戦い、死んだか。その物語は、しばしば生き残ったものたちの正当性をかけた戦いの場となる。そのため、科学的耐久性は、必ずしも社会的信頼性に比例するわけではない。

第三に、データの機能性という問題である。

戦争のデータは、誰かが何かの目的で生成したもので、そこには必ず期待された機能がある。そこから政治的な意味を読み取ることができるかもしれないし、機能上、より実効的なデータに修正する可能性を見出せるかもしれない。

本書は、戦争のデータについて批判的機能主義の立場をとるが、この立場は「正しいデータ／誤ったデータ」の二分法をできるだけ避け、科学的耐久性、社会的信頼性、機能性の三つの視角からデータの性質を判断する。

しかし、本書はすべての戦争データを取り上げて、この三つの視角からデータを評価することを目的としない。そうではなくて、戦争データをこの三つの視角から分析するうえで有用な、戦争データに関する「見取り図」を提示することを目的とする。つまり、読者が今後、何らかの戦争データを受け取ったとき、それがどういう性質のものかを判断するために必要な、最低限の前提知識を提供する。

そこで本書は、戦争データのなかでも、特に「戦争での文民（民間人）の死」に関わる領域に注目し、それを通じて見取り図を示す。具体的な議論に入る前に、戦争のデータに関する基本的な用語の整理と、分析のための枠組みを説明する。

## 2 戦争データとは何か――分析の枠組み

### 用語の整理

ここまで「戦争のデータ」という言葉を何度も使ってきたが、その意味について十分定義してこなかった。ここで基本的な用語を整理しておく。

本書における「戦争」とは、「複数のアクターがそれぞれの目的を実現するために、組織的かつ継続的に暴力を用いることで衝突し、死者を発生させる社会的な現象」と定義する。[*30] 戦争以外に「武力紛争」という概念も存在する。武力紛争には戦争以外で軍事力が行使される現象も含まれるとの見解もあるが、本書では武力紛争と戦争を原則として同じ意味で使用する。[*31]

さらに重要なのが「データ」という言葉である。本書で「戦争のデータ」という場合、「ある特定の戦争の性質を説明するのに必要な情報の束」という意味で使用する。本書では、戦争データのなかでも、特に「文民（民間人）の死」に関係するデータの生成に焦点を絞る。たとえば、戦争での文民死者数、死者の属性や身元、死因などのデータである。それというのも、冷戦終結後、「文民の死」が武力紛争の研究や報道において、もっとも重要な論点のひとつとされてきたためである。[*32]

戦争のデータには様々な種類があるが、それらは「一次データ」と「二次データ」に分けられる。一次データとは、聞き取り調査や法医学的な調査などによって、戦争に関係する情報を直接収集した結果得られるデータを意味する。また、まったく別の目的で収集された行政情報、たとえば、平時の人口調査による人口データなども一次データに含まれる。一次データは、当然ながら二次データと区別される。

二次データとは、一次データを加工、編集した情報のことを指す。たとえば、研究者が論文などで提示する、一次データを元に計算した結果が挙げられる。この区別に従えば、先に紹介したカルドーの「八〇％の戦死者が一般市民」というテーゼは、二次データに基づく計算の結果だったことになる。

二次データの一種に「推定値」がある。推定値とは、直接的に一次データを得られない領域について、別の領域の一次データを集め、そこに何らかの統計的な処理を加えて導き出される数値である。たとえば、戦争開始前の人口データ、平時の年代別死亡率、戦争後の人口データなどを用いることで、戦争が起きていなかった場合にありえた人口データを導き出し、実際の戦争後の人口データと比較する。これによって、戦争が原因で死亡した可能性のある人数を推定することができるかもしれない。

戦場では、直接的に一次データを収集するのが困難な場面が少なくない。誰がどこで死亡したのか、一人ひとりすべて確かめられれば一番正確だが、それはほとんど不可能である。その場合、すでに存在するデータから、いかに必要なデータを生成するかが焦点になる。それゆえ、戦争データの生成では、しばしば推定が不可欠な作業になる。戦争に限らず、情報収集のインフラが未整備、あるいは崩壊した地域では、保健衛生などの分野でも、こうした推定が盛んに行われている。

## 分析の枠組み①――国際規範

では、いよいよ戦争のデータの構造について考えてみたい。まずは、具体的な事例から始めよう。

二〇二二年七月、国連人権高等弁務官事務所（OHCHR）は、ロシアが同年二月二四日にウクライナへの侵攻を開始して以来、ウクライナで死亡した文民（civilians）が五〇〇〇人を超えたと発表し[*33]、それを各種のメディアが報道した（OHCHRがどういう組織かについては第3章で説明する）。ここから何がわかるか。

まず、考えなければいけないのは、なぜ文民（民間人）の死者を独立したカテゴリーとして数える必要があるのか、である。

現在、国連が文民（民間人）の死者数を数えて発表するのは、不必要に文民を殺害してはならない、という国際規範が存在するからだ。

では、現在の戦争のデータは、どういった規範を前提にしているのか。もちろん、これはデータを収集するアクターによって異なる場合もあるが、国際社会は、基本的に国際人道法というかたちで戦争に関する規範を共有している。

国際人道法は、戦争犠牲者の保護（ジュネーブ法）と、害敵手段の規制（ハーグ法）を主な内容とする。国連やNGOが生成するデータは、こうした国際人道法に則っている。

一九世紀に誕生した国際人道法は、当初、兵士の処遇を改善するためにつくられた。この時期、西洋諸国は、兵士がどのように死亡したのか、社会に対して説明責任を負うようになった。そのため、国際人道法には、兵士たちの戦死情報の散逸を防ぐためのルールが定められた。本書が注目する文民保護という国際規範は、第二次世界大戦後になってようやく明文化された。文民の死者に関するデータが本格的に収集されるのは、そのさらに後になってからである（これらについては第1、2章で分析する）。

ちなみに、一九世紀後半から第二次世界大戦後までの時期、戦争の方法に関する法律は、戦争法（仏 droit de la guerre、英 laws of war）と呼ばれた。国際人道法（仏 droit international humanitaire、英 international humanitarian law）という呼称は、一九六〇年代以降に登場した。[*34] 本書では、戦争の方法に関する法律については、すべて現在の呼称である国際人道法を用いる。

戦争データが基本的に国際人道法を前提とすると主張するならば、それを前提としない戦争データはないのか、という疑問が出てくる。たとえば、ある戦争で軍隊が消費した食糧の総量というデータはどうだろうか。これは国際人道法上の論点に直接関係がなさそうである（もちろん、軍隊が民間人の食糧を強奪したという場合には、間接的に関係があるかもしれないが）。人道法との関係が薄い分、このデータは国際社会での争点になりにくいだろう。実際、二〇二二年に発生したウクライナ戦争で、ロシア軍が消費した食糧の総量が議論になったことはないはずである。

このように人道法との関係性の深さは、規範的な重要性と比例する。もちろん、人道法の規定が新しい問題を網羅しきれなくなった場合には、例外も発生するだろうが、それでも基本的にはこの比例関係が成り立つだろう。

### 分析の枠組み②――科学的な分析

さて、先の事例から、もうひとつ考えるべきことがある。それはOHCHRが一体、どのようにあの数字を導き出したのか、という点である。これについて、OHCHRは次のように述べている。

二〇一四年以来、OHCHRはウクライナでの文民死傷者を記録してきた。報告書は、国連ウクライナ人権監視団(HRMMU)が被害者や彼らの親族へのインタビューを通じて集めた情報、証言、HRMMUと内々に共有した補強証拠となる資料の分析、公的記録、一般公開されている文書、写真、映像資料、法医学的記録ならびに報告書、刑事調査資料、裁判文書、国際・国内の非政府組織による報告書、法執行ならびに軍事アクターによる公的報告書、医療施設や地方政府からのデータに基づく。すべてのソースと情報は、関連性と信頼性を評定し、他の情報とクロスチェックを行っている。[*35]

このように、戦場で文民の死が本当に発生したのか立証するためには、膨大な一次データと二次データの収集、分析が必要となる。そして、データの分析から具体的な数値を導き出す過程は、当然のことながら、科学的な思考に基づく。文民死者数という具体的な数値の背景には、国際規範に

0−1 戦争データ生成における認識フィルター

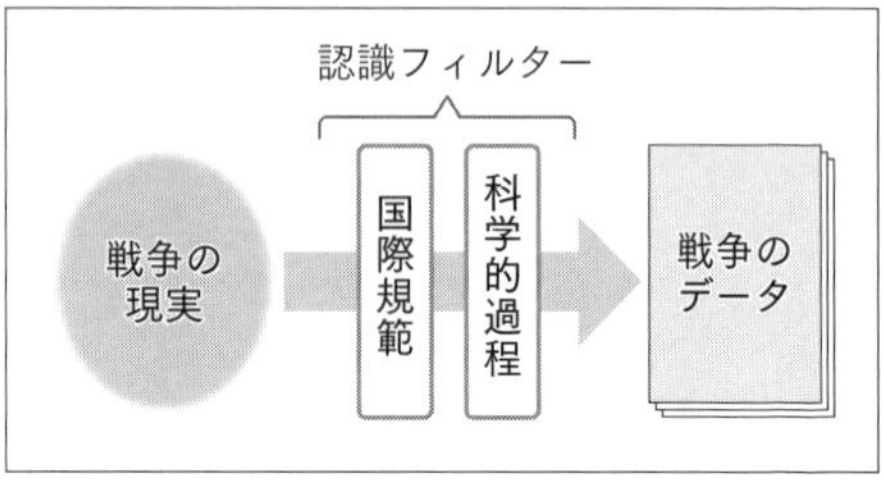


加えて、科学的な分析過程が存在するのである。

ＯＨＣＨＲが用いるデータのなかでも、ここで特に着目したいのが、法医学的記録である。法医学とは何だろうか。これについては第5章で詳細に論じるが、簡単に言えば、犯罪捜査や裁判などで必要な科学的証拠を収集、分析する学問領域である。

ところで、先に紹介したＯＨＣＨＲのウクライナ戦争に関する文民死傷者数の導出方法は、いわば「積み上げ式」と呼ぶべきものである。すなわち、文民の死傷事例を一つひとつ数え上げる方法である。しかし、戦争があまりにも大規模かつ長期にわたる場合などは、こうした積み上げ式が機能しない場合も少なくない。実際、戦場ですべての遺体を発見するのは不可能である。それゆえ、積み上げ式は死者数を過少に評価することになる可能性がある。そうなると、発見していない死者を数字に入れなければいけないことになる。そこで出てくるのが統計分析による推定値で、それを用いて文民被害の全体像を把握することができる。この点については、第4章で論じる。

以上のように、戦争のデータを生成する場合、二つのフィルターを通して現実を観察、分析していることがわかる。

第一のフィルターが国際規範で、これによって何をデータ化するのか決まる。

第二のフィルターが科学的過程で、これによって客観的な批判にも耐えうるデータが生成される。

本書では、前半で国際規範の成り立ちを検討し、後半で具体的な科学的分析過程をいくつか取り上げる。これらの認識上の二つのフィルターを図で示すと右上のようになる。

## 主権国家と人道ネットワーク

では、二つのフィルターを通してデータを生成するのは誰なのか。

そこには様々なアクターが関与する。先に言及したウクライナ戦争の事例では、OHCHRが死者数を報告したが、戦争データの生成には、主権国家に加えて、国際組織やNGOなどが関与している。

しかし、歴史的に見れば、戦争データの生成は、主権国家の独占的な管轄だった。そもそも、主権国家が自国の軍隊の兵士の死について、詳細に調査し、データ化するようになったのは、一九世紀後半になってからである。

一九世紀は、赤十字が誕生し、戦争での保健衛生制度とともに、国際人道法が大きく発展した時期で、兵士の福祉という発想がヨーロッパで根付いた時期だった。

ただし、各国の赤十字社および赤十字国際委員会といった組織は、基本的に主権国家の軍隊を補完するかたちで誕生、発展した。それゆえ、国家に対抗するような情報を発することは原則的に許されなかった。国際組織やNGOが、国家に対抗するように戦争のデータの生成に関与し始めるのは、二〇世紀後半になる。

国連は一九七〇年前後の時期に、第三次中東戦争によって生じた被占領地に関する調査から、徐々に戦争データの生成に関与するようになった。他方、人権NGOは、アムネスティ・インターナショナルやヒューマンライツウォッチなどの誕生とともに、一九八〇年代、積極的に戦争データを調査、公表するようになった。これらのNGOは、戦争データの生成においてしばしば相互に協力し、国連などの国際組織とも密接な関係を構築した。これが戦争データを生成するグローバルなネットワークとなる。

国際組織やNGOが戦争のデータを生成し始めると、主権国家が公表する戦争のデータが、別のデータと比較検討されるようになった。

そもそも戦争では、民間人と比べ、軍事力を独占している軍隊（あるいは武装勢力）が圧倒的に優位な立場にある。兵士を殺害するのも、文民を殺害するのも、基本的に軍隊や武装勢力である。しかし、国家や武装勢力が軍事行動に説明責任を十分に負わない（負えない）場合がしばしば発生する。その際、より科学的に耐久性のあるデータを生成するのが、国際組織や人権NGOなのである。

彼らが生成するデータは、しばしば主権国家の主張に対してのカウンターとなる。軍隊や武装勢力に虐げられ、殺害された市民たちは、こうしたカウンターの情報によって初めて認識され、その権利の侵害を主張することになる。

こうして、戦争のデータは、それ自体が時に政治闘争の場になる。誰がいつどのように殺害されたのか、誰がいつどのように国際人道法に違反したのか。紛争アクターにとっては、こうした問いそのものが自分たちの正当性に関わるため、国際組織やNGOの調査報告に時おり、過剰なほどの反応を示すことがある。

こういった闘争は、冷戦末期以来、世界各地で見られるようになった。二〇一一年に発生したシリア紛争も、二〇二二年に勃発したウクライナ戦争も、決して例外ではない。それゆえ、本書は主に国際組織やNGOによる戦争のデータの生成に着目し、それが国家や武装勢力とどのように対立してきたのか明らかにする。

### マスメディアの比重

マスメディアは、こうした戦争データの争点化と深く関わる。「歴史上、最初のメディア戦争」とも呼ばれる一八五三年のクリミア戦争では、電信などの技術革新の影響で、戦場の様子を報道するジャーナリズムが発達した。[*36] その結果、兵士の死者数や死因がイギリス本国の世論で重要な論点となった。その後、情報技術は急速に発展し、マスメディアはいよいよ詳細に戦場の情報を拡散していく。

アメリカが泥沼に陥った一九六〇年代のベトナム戦争は「リビングルームの戦争」とも呼ばれるが、テレビの普及を通じて各家庭に戦場の様子が克明に伝わった。[*37] アメリカ政府はベトナムの深刻な戦況を隠すことができず、アメリカ世論は反戦に傾いていった。さらに一九九一年の湾岸戦争では、衛星放送による中継がリアルタイムの情報を世界各地に発信した。[*38] そして、インターネットや情報機器の発達により、二〇〇〇年代以降、市民が個人で情報を発信できるようになり、戦争のミクロな様子が膨大な情報量で行き交うようになった。[*39]

本書が注目する戦争の文民死者数も、マスメディアが定期的に発表し、それによって一般市民のもとに届く。もちろん、国連やNGOはホームページ上に情報を公表しているが、そこに直接アクセスする市民は、新聞、テレビ、ニュースサイトへのアクセスと比べれば、ごく少数にとどまる。とはいえ、マスメディアは戦争データの生成では、間接的な位置に存在する。たしかに新聞社が独自に文民被害を調査することはあるが、あくまで散発的なものにすぎない。長期的かつ包括的に文民被害を調査するのは、主に国際組織やNGOである。

## 戦争データを生成する「人道ネットワーク」

国際組織やNGOによるデータ生成を分析するうえで重要なのが、「ネットワーク」の概念である。たとえ国連であっても、戦争データの生成に必要な科学的専門知識を持った人材をすべての分野で抱えているわけではない。

戦争データの生成には、法医学者（法医考古学者、法医人類学者、法医病理学者などを含む総称）、DNAの専門家、統計学者、化学者など、多岐にわたる専門家が必要である。違法行為の法的な責任を追及するとなれば、国際法に関する専門家も必要になる。そのため、国際組織やNGOが戦争データを生成する場合、国際的なネットワークを利用して、そのプロジェクトに合わせたチームをつくり、調査を行う。

このネットワークの特徴を捉えるうえで参考になるのが、社会学者ブルーノ・ラトゥールの研究である。ラトゥールは、著書『科学が作られているとき』のなかで、科学者や技術者が事実や機械を生産したとき、それらが多くの支持者を得て、最終的に既成の科学として広く受容されるまでの過程を明らかにしようとし、「ネットワーク」という概念を提示した。

ラトゥールによれば、事実を生産するのはごく一部の人々だけである。彼らは科学に携わっていない大多数の人々とつながることで、初めて可視化され、影響力を持つ。科学や技術のネットワークは広く拡散している一方で、リソースが蓄積しているのは、わずかな場所に限られる。[*40]

戦争データの生成に関与する専門家のネットワークも、こうした特徴を備えている。大規模な武力紛争に対応できる各種の専門家や専門機関はそもそも数が少なく、世界各地に点在している。それゆえ、国連をはじめとする国際組織やNGOは、専門家や専門機関をその都度ひとつのネットワークとして構成し、戦争データを生成する。こうしたネットワークによる戦争データの生成は、戦争の方法に関するルールを定めた国際人道法の規定と趣旨に依拠する。本書では、こうした戦争データ生成のためのネットワークを「人道ネットワーク」と呼ぶ。

ラトゥールのネットワーク論に従えば、より多くの専門家がネットワークでつながり、その経路を通じてデータが生成されれば、より科学的に耐久性の高いデータになると考えられる。より多くの科学者が目を通すことで、科学的な誤りが減るというわけである。

無論、科学的に耐久性が高いからといって、社会的に信頼性が高いわけではない。国際組織やNGOは、社会的なインパクトを生み出すために、データ生成とは別に、データとその解釈を広く社会に訴え、政策の変更などを目指す活動を行う必要がある。それによって政治的支持や資金を得なければ、データ生成を継続することはできない。

結局、様々なデータが混在し論争になれば、科学的にもっとも耐久性が高いことが、説得の材料にはなる。このように、ヒエラルヒーを特徴とする国家や軍隊に対して、カウンターのデータを生成する国際組織や人権NGOは、ネットワークをその特徴とする。

＊

本書はこれから戦争データの生成構造について分析していく。その分析の枠組みは、先に記した通り二つの認識フィルター（国際規範と科学的過程）と二種類のアクター（主権国家と人道ネットワーク）である。

以下、第1章では、戦死者情報の収集に不可欠な戦死者の保護が、どのように国際的な規範となったのかを分析する。また、その規範がどのように実践されたかについても検討する。

第2章では、文民の保護が具体的にどのような内容で、どのような歴史的過程を経て国際規範として明文化したのかを分析する。

第3章では、国際組織とNGOが戦争データを収集し、公表するようになった歴史的過程を分析する。

第4章では、戦死者数、特に文民死者数全体を推算するための統計的な分析手法について検討する。

第5章では、戦死者が誰で、どのように死亡したのかをミクロに分析する法医学的調査について検討する。

第6章では、戦争で使用される武器のなかでも化学兵器に着目し、その使用調査について検討する。

以上のように、本書は戦争、国際法、統計、法医学、化学兵器に関する事象を広く扱うが、できる限り初学者でも理解できるように書いたつもりである。専門的すぎる議論はできるだけ避け、「見取り図」をつくるのに必要な議論に範囲を絞った。それでは、次章から戦死者に関する国際規範の来歴を探っていこう。

# 第1章　兵士はどこへ行った――戦死者保護の軌跡

二〇二二年に始まったウクライナ戦争では、数多くの兵士や民間人が行方不明になり、彼らの家族が行方不明者の安否を案じ、苦しんできた。戦争の行方不明者について情報を収集し、家族からの問い合わせに答えるのが、ジュネーブを本拠地とするNGOの赤十字国際委員会（ICRC）である。[*1]

ICRCは中立な立場で、ロシアとウクライナ両方の市民からの連絡を受け付ける。彼らのこうした活動は、国際人道法で認められ、保護されている。国際人道法には、武力紛争で発生した死者（遺体）を交戦国が保護するというルールも定められている。[*2] 行方不明者の情報を確定するには、実はこの戦死者（遺体）を保護するというルールが何より重要なのである。なぜなら、遺体を保護することが戦死者名簿を正確に作成することにつながり、戦死者の確定が行方不明者を減らすことにつながるからだ。

本章は、この戦死者保護規範の形成過程と実践の歴史を見ていく。[*3]

この国際規範が初めて明文化されたのは、一九〇六年の「戦地軍隊における傷者及病者の状態改善に関する条約」（以下、一九〇六年のジュネーブ条約）からだった。そこで本章はこの一九〇六年のジュネーブ条約の成立に至る過程を再検討し、関連する外交文書ならびにその国際規範化に携わった国際法学者などの言説から、戦死者保護がどのように基礎づけられ、明文化されたのかを明らかにする。

戦死者保護の国際規範化は、一九世紀後半のヨーロッパから始まった。特に重要な転換点となったのが一八六六年に勃発した普墺戦争である。それまでヨーロッパの戦争では、下級の兵士が死亡した場合、個人の身元は特定されないまま、集団で埋葬されることが一般的だった。[*4] 国家が下級兵士の死を遺族に説明したり、個人の名前を明記して埋葬したりすることは、ほとんどなかった。それゆえ、戦場では戦死者情報の収集のために遺体を保護し身元を特定するといった面倒な作業は、滅多に行われなかった。

ところが一九世紀半ば以降、ヨーロッパでは、戦争で兵士が被る痛みをできるかぎり軽減すべきとの人道主義的な考えが広まり、戦場での傷病者の保護規範ならびに実践が発展した。それに伴い、死亡した兵士の遺体の保護、身元の特定、遺族への説明といった規範と実践もまた発展する。そして、それがいくつかの国際会議を通じて、徐々に明文化された。この規範はヨーロッパにとどまらず、その後、アメリカや日本でも受容、実践されたことで、文字通り国際規範となった。

では、そうした国際規範はどのように基礎づけられたのか。結論を先に言えば、戦死者保護の国際規範は、何より兵士の家族の痛みに対する共感に基礎づけられた。当時の国際法学者らによれば、文明国によって構成された国際社会では、文明の発展に伴って慈善（charité）や仁愛（humanité）という規範が浸透しつつあった。この慈善や仁愛に基づき、兵士の家族の痛みを軽減することが、文明国の義務のひとつと考えられたのだ。

## 1　戦死・戦死者保護とは何か

### 生物学的な死と社会的な死

ひとくちに「戦死」と言っても、それがどこまでの死を含むのか、よく考える必要がある。戦場では、戦闘に伴う物理的な攻撃によって、多くの人間が命を落とす。それは「生物学的な死」である。しかし、それは必ずしも「社会的な死」を意味しない。すなわち、死亡した人物を知っている人々がその死を認識しないかぎり、彼／彼女はまだ社会的に死亡したことにはならない。

ところが、兵士は遺体になった瞬間から、自らのアイデンティティを自発的に主張することができない。それゆえ、この死亡した兵士がいったい誰なのかは、他の兵士（あるいは人道組織の活動家）が積極的に調べることでしか判明しない。そうした調査がなければ、国家は国民のうちの誰が兵士として死亡したのか把握できないし、まして戦地から遠く離れた場所にいる遺族は、大切な人が死亡したという事実を知ることができない。

このように戦争で命を落とした兵士は、生物学的な死の後、遺体の調査を経て、ようやく社会的に死亡することになる。戦死には、生物学的な死と社会的な死の両方が含まれているのだ。

仮にある兵士が生物学的には死亡したものの、社会的に死亡していない場合、残された家族は、兵士の安否に思い悩み続ける。近年、この苦悩は「あいまいな喪失（ambiguous loss）」と呼ばれ、分析と治療の対象とされている。この精神状態の問題は、状況をどうやっても解決することができないために、「心理的な痛み、混乱、ショック、苦痛そして機能の停止を引き起こす」[*5]ことである。「あいまいな喪失」の概念は、ベトナム戦争で行方不明になった兵士の家族を対象に行った研究から生まれた。[*6]しかし、この精神状態自体は、そのはるか以前から多くの家族を苦しめてきた。

## 遺体保護と身元情報の収集

そこで必要とされるのが戦死者保護だが、そのことを明らかにするために、そもそも生物学的な意味での戦死がどのような状況で発生するのか考える必要がある。兵士が命を落とす状況を分類すると、以下のようになる。

（A）戦地で死亡（その場に埋葬、あるいは放置）。
（B）捕虜として敵の軍に留置され、何らかの理由で死亡。
（C）傷病者として自国の軍の医療施設に収容され、死亡。
（D）戦闘とは関係なく、何らかの理由（自死など）により死亡。

実際の戦争で交戦国それぞれがどこまでの範囲を「戦死」と認めるかは、その国の方針によって異なるが、ここでは一般的に戦死と分類される（A）～（C）に伴う身元特定の困難について確認する。

まず、兵士が戦地で死亡した場合、戦闘が継続しているため、すぐには遺体の身元の特定ができないことが少なくない。兵士が死亡した事実を軍隊がいち早く正確に把握できた場合はよいが、部隊が全滅するなどして、誰がいつどのように死亡したか、まったく把握できない場合も多い。その場合、戦闘が終了してから遺体を回収し、身元の特定を行い、兵士の死亡に関するデータが生成される。

けれども、遺体がその身元を示す遺留品を所持していない場合、その作業はきわめて困難になる。あるいは、遺体が目印もなく埋められる場合もある。さらには戦闘中の爆発により、遺体がひどく損壊してしまい、遺体そのものが検死不可能な場合も考えられる。

こうした問題をできるだけ回避するために必要なのが、兵士の身元情報を明記した認識票（ドッグタグ）の供給や、遺体および遺留品の保護、さらには埋葬場所の記録である。

兵士が捕虜として敵の軍事施設などに留置され死亡した場合には、敵軍が捕虜の身元を把握していれば、兵士の死亡情報は確実に存在することになる。問題は、捕虜の情報を相手国に送付するかどうかである。この場合、争点は、交戦国間で捕虜情報の交換が可能か否かとなる。これに対して、傷病者として自国の軍の医療施設で死亡した場合には、より情報の収集が容易になるが、病院から軍隊への情報の送付、さらには軍隊から遺族への通知が首尾よく行われなければ、戦死者は社会的に死亡することができない。

このように生物学的な戦死が発生した場合、戦場や捕虜収容施設、あるいは軍事病院などで、遺体や遺留品が積極的かつ適切に保護され、身元の調査がなされなければ、社会的な死に到達することはできない。こうした理由から生まれたのが、戦死者保護の規範である。戦死者保護とは、すなわち戦争で発生した遺体の保護と身元情報の収集を意味する。

戦争犠牲者に関するデータの生成は、この戦死者保護規範の発展から始まった。どこの誰が、いつどの場所で、どのように死亡したのか。国家がその情報を収集し遺族に説明する。その一連の過程のなかで、戦争データの束が生成されてきたのである。それゆえ、戦争データの生成の歴史を振り返るとき、必然的に戦死者保護の歴史に着目することになる。

## 2　国際規範化――イタリア統一戦争後

### 一八六四年のジュネーブ条約の成立まで

戦死者保護はどのように国際規範化したのか。戦死者保護は国際人道法の一部として提唱され、浸透してきた。それゆえ、最初に国際人道法の明文化を目指す運動がどのように始まったのかを検討する必要がある。

国際人道法の発展を支えたのは赤十字であり、その始祖こそアンリ・デュナンである。[*7] 一八二八年にジュネーブで生まれたデュナンは、一八歳でジュネーブの銀行に勤務し、二五歳から二年ほどアルジェリア、チュニジアを旅した。三〇歳になったとき、彼はフランスの植民地であったアルジェリアで製粉事業会社を立ち上げたが、農地に必要な水の問題が解決できず、フランス皇帝ナポレオン三世に直接陳情に向かうことにした。その旅の途中で遭遇したのが、一八五九年に勃発した第二次イタリア独立戦争（イタリア統一戦争）だった。

この戦争は、サルデーニャ王国がイタリア半島の統一を目指したことに起因する。[*8] 当時、イタリア半島で支配権を持っていたのがオーストリアだったことから、サルデーニャ王国はフランスをオーストリアと戦わせることで、イタリアを統一する可能性を模索した。そこで一八五三年に勃発したクリミア戦争で、サルデーニャ王国はフランス軍に軍隊を貸し出し、フランスとの関係を構築した。その後、フランスもオーストリアの弱体化を望んでいたため、いよいよサルデーニャ王国は、フランスとともにオーストリアに戦争を挑むことになる。

その激戦地となったのが、ベネチアからおよそ一五〇キロ西に位置するソルフェリーノだった。デュナンはソルフェリーノに近いカステリオーネという村で、戦争で傷ついた大量の兵士たちと、彼らを救護する村の人々に出会う。デュナンは旅の目的もそっちのけで、村の人々とともに懸命に戦傷者の救護にあたった。そこでの体験を描いたのが著書『ソルフェリーノの思い出』（一八六二年）である。彼は戦死者の遺体の処理について、次のように記している。

フランス軍では死者を見わけて埋葬するため、中隊ごとに数人の兵士を任命する。通常は同じ部隊のものが戦友を収容する。戦死者の装具をはじめ認識票の番号を調べてから、金を払ってこの仕事のために雇ったロンバルディアの農民にこの辛い作業を手伝ってもらって、死体を衣類と一緒に共同の墓穴に入れる。残念ながら、嫌な仕事なので急いでやるし、農民の中には不注意でひどく投げやりな者もいたため、幾人かの生きている人が死者と一緒に埋められたと信じてよいふしが沢山ある。将校たちの死体から収めた勲章、金銭、時計、手紙、書類などは、かなり後になってそれぞれの家庭に送られるのだが、あまりにも多くの死体を埋めるので、この仕事を忠実に行うことが常に可能なわけではない。[*9]

当時の遺体処理で最も重要だったのは、遺体を通じた感染症の蔓延を防ぐことだった。そのために遺体はできるかぎり早急に地中に埋める必要があった。将校の場合は遺留品を家族に送付するなど、個人のアイデンティティを尊重する処置が行われたが、兵卒については共同の墓穴に埋めるだけで、個人のアイデンティティを特定したり尊重したりするということはほとんどなかった。

デュナンはこの本の最後で、負傷兵を救護する団体についての国際協定を提案し、これが二年後、最初のジュネーブ条約の成立につながる。このジュネーブ条約は一〇ヵ条からなり、戦場で救護を行う人々の中立などが定められた。これによって救護者の安全を確保し、傷病者が確実に手当てを受けられる人道的な空間を創出することが、この条約の目的だった。この時期から、のちに赤十字と呼ばれる救護社が各国につくられ、世界でもっとも有名な人道団体となる。

このジュネーブ条約の成立とその後の発展を支えたのが、ジュネーブの「五人委員会」、のちの赤十字国際委員会（ICRC）である。その五人とは、アンリ・デュナンに加えて、医師テオドル・モノワール、同じく医師ルイ・アッピア、軍人アンリ・デュフール、そして法律家ギュスタブ・モアニエだった。とりわけ、一九〇六年のジュネーブ条約成立に至るまで、国際人道法の具体的なビジョンを発信し続けたのがモアニエだった。

注意が必要なのは、各国の赤十字社とこのＩＣＲＣが異なる組織であることだ。ＩＣＲＣはスイスのジュネーブに拠点を置く非政府組織であり、国際人道法の明文化を推進するなど、国際的なレベルで活動を行った。他方、各国の赤十字社はそれぞれの国で承認され、しばしば公的な資金援助を受け、戦争では自国の軍隊を補完する機能を持った。

## 普墺戦争

一八六四年のジュネーブ条約が初めて戦場で実践されたのが、六六年の普墺戦争である。

当時、プロイセンはドイツの統一を目指していたが、そこには大国オーストリアが立ちはだかった。オーストリアはこの地域で指導的な地位を築いており、それを維持したいと望んだ。また、各民族のナショナリズムを押さえ込むためにも、現状維持を目指した。[*10] 一八六六年にいよいよ武力衝突することになるが、開戦前にはオーストリアが有利との見方が強かった。ところが、実際にはプロイセン軍がオーストリア軍を翻弄し、二ヵ月足らずで前者の勝利が決定した。それゆえ、この戦争は七週間戦争とも呼ばれる。

この戦争で、プロイセン側は積極的にジュネーブ条約の履行に努めた。医療関係者や従軍聖職者らは赤十字の腕章を装着し、敵・味方両方の負傷者を救護した。他方、オーストリア側は、ジュネーブ条約に署名していないこともあり、履行する姿勢をほとんど見せなかった。それどころか、オーストリア軍は撤退に伴い、自軍の医療関係者を全員連れていってしまい、野戦病院とそこに収容された負傷者をしばしば放置した。そのため、処置がなされれば存命したであろう多くの兵士が命を落とした。[*11]

こうしてオーストリア軍は大量の死傷者を生み出すが、同時に大量の行方不明者を抱えることになった。オーストリアの歴史家ガストン・ボダルトによれば、オーストリア側の死者は七〇〇〇人強で、行方不明者は一万二〇〇〇人近くにのぼった。[*12] このことがオーストリアの軍ならびに政府関係者に、戦死者保護の重要性を知らしめるきっかけとなる。

## 第一回赤十字国際会議（パリ国際会議）

最初に戦死者保護の明文化が議論の俎上にのぼったのが、一八六七年八月に各国の赤十字社がパリに集まり開催された第一回赤十字国際会議[*13]だった。この年は第二回の万国博覧会がパリで開催されており、そこに赤十字社も出展する予定だったことから、それに合わせて戦場での救護に関する国際会議も開催する運びとなった。[*14]

会議には、オーストリア、ベルギー、スペイン、アメリカ、フランス、イギリス、イタリア、オランダ、ポルトガル、プロイセン、ロシア、トルコなど、欧州を中心に一七ヵ国の代表が集まった。代表者には、各国の救護社[*15]の構成員のほかに、政府関係者や国際法学者などが含まれた。

会議の主な論点は、一八六四年のジュネーブ条約で範囲外とされた海上での戦争、戦闘後の戦場での法と秩序の維持、兵士の認識票、捕虜などの名簿の交換についてだった。海上での戦争以外の論点は、いずれも戦死者保護に関わるものである。

当時、戦闘が終わると、死者や生存者の区別なく、兵士の装具を略奪する人々がいた。[*16] そのため、生存者に身の危険がふりかかるだけでなく、遺留品を失い、遺体の身元がわからなくなることがしばしばだった。時には遺体が損壊されることさえあった。それゆえ、生存者だけでなく、戦死者を保護するために、戦闘後に戦場で法と秩序を維持する必要があった。また、より実効的に遺体の身元を明らかにするために、兵士の身元情報を明記した認識票の導入が重要だった。[*17]さらに行方不明者の安否調査のためには、捕虜や死亡者などの名簿の交換が不可欠で、それも戦死者データの生成に深く関連した。

## オーストリア代表の主張

では、実際の会議では、どのような議論になったのか。八月二七日、五人委員会のひとりだったモアニエを議長として、一八六四年のジュネーブ条約の第五条（戦場付近に住む一般市民による傷病者の救護）に関わる論点が議論された。そこでオーストリア代表から、この国際会議に先立って行われたヴュルツブルク会議での議論が紹介される。[*18]ヴュルツブルク会議とは、普墺戦争で活動した様々な救護社の代表が、活動の経験をもとにジュネーブ条約の在り方について話し合った一八六七年八月二二日の会議を指す。[*19]

ヴュルツブルク会議では、ジュネーブ条約の改訂案がつくられ、この場面でその改訂案の第五条が紹介された。それは「勝利した軍隊は、状況が許す限りにおいて、戦場の死者と傷者を軍事的に監視し、略奪や有害な扱いから保護する義務を負う[*20]」というものだった。先に述べたように、当時の戦争では、戦闘終了後の略奪が大きな問題だったのであり、それを防ぐための監視や治安の維持が必要だった。

さらにオーストリア代表は、陸軍省からの文書を読み上げ、次のような認識を示した。[21]

戦争では、敵味方の区別なく、可能な限り死者の身元を確認し、衛生状態の維持の原理に沿って埋葬を監視することが必要である。しかし、戦争では、しばしば兵士の状態確認が困難となる。たとえば、普墺戦争では、戦闘が終結してから八ヵ月が経った時点で、オーストリア軍では八四人の士官と一万二二七七人の下士官ならびに兵士が行方不明となった。そして、この膨大な量の行方不明者の発生に伴い、次のような問題があるとした。

私たちは、〔兵士の〕家族が〔愛するものの安否が〕不確かであるがゆえに感じなければいけない二重の悲しみについて想像する。家族は愛する者の行方について、そして〔愛するものの安否が〕不確定であるがゆえの厄介な法的な結果に頭を悩ませる。〔中略〕今日、数千の家族が同じことに苦しんでいる。陸軍省は、この不都合を取り除くことができる手段を見つけるという課題に真剣な関心を持っており、そして、この問題を誠実に解決できるとの確信を得た。[22]

このように、出征した兵士の安否が不確定であるために、思い悩み、苦しむ家族の痛みが大きな問題とされていた。言うまでもなく、家族は出征した大切な人が生きていることを望んでいる。しかし、戦争が終わってもなお帰宅せず、何の音沙汰もないとき、彼らは兵士の生存を信じることが難しく、さりとて死んだとも決めつけられないという、きわめて不安定な心理状態に陥った。残念ながら、およそ半世紀後に勃発する第一次世界大戦によって、ヨーロッパ中の家族がこの苦しみを味わうことになる。

ここで注目すべきなのは、兵卒の死者に対する関心が、それまでの戦争よりも強いことである。歴史学者ジョージ・モッセが言うように、「一八六六年の普墺戦争の後、兵卒の地位が向上し、その名前が時おり、慰霊碑に刻まれ始めたのである」[*23]。残された家族への共感の高まりも、この変化と一致しているのではないかと考えられる[*24]。

以上から、オーストリア代表は、会議で次のように提案した。戦争では、まず勝利した側が戦闘の後、戦場を憲兵隊のパトロールを通じて捜索し、監視する義務を負うべきである。そこで遺体を収容し、できるだけ注意深く身元を示すものを集めるべきである。そして、その身元を示すものを手掛かりに、名前や階級などを記した死亡者の名簿を作成するべきである。ちなみに身元を示すものとして、オーストリア軍は手帳を装備させることにしたと述べている[*25]。

## 統一された認識票の装備へ

翌日の会議では、いよいよ本格的に捕虜などの名簿の交換と、遺体の身元確認について議論が行われた。そこでオーストリア代表は、前日に引き続き、死者と捕虜の名簿を可能な限り、軍の責任者が送付するようにすべきであると主張した。

オーストリアの経験に鑑みれば、家族にとっては兵士の状況が不確かな方が、確かなときよりも苦しいと述べ、家族の痛みを提案の根拠とした。そして、先述したヴュルツブルク会議で提案された条項の採択を求めた。さらに、兵士による身元識別のための手帳あるいは金属板の所持を義務化する提案を行った。

これに対して、イタリア代表から死傷者が多い場合、兵員名簿だけで身元を識別するのは不可能であるため、やはり首から下げる金属板のようなものが必要であるとの意見が示された。[*26] 認識票の必要性は他の国も認めるところとなったが、形態については国際的な協定で決めるべきではなく、各国政府の判断によって決めるべきであるとの見解も出された。結局、認識票については、ここでは何も決まらなかった。しかし、普墺戦争の経験から、一兵卒に至るまで遺体の身元を調べるのであれば、認識票なしにそれは不可能ということでは一致した。[*27]

ちなみに、この会議では言及されていないが、プロイセンは普墺戦争で自軍の兵士に金属でできた板状の認識票を供給した。ところが、迷信などが原因で、兵士たちはしばしばそれを捨ててしまい、認識票は必ずしも十分に機能しなかった。[*28] プロイセンはこの後、認識票の装備を兵士に義務づける方向に進む。

最後に議長のモアニエが具体的な第八条案を提出する。この草案では、各軍隊が兵士の身元を確認するための統一された認識票を各兵士に装備させることを規定していた。そこには名前や出生地、所属部隊などを記すとした。そして、兵士が死亡した場合、認識票を埋葬前に収集し、その兵士が生まれた国の政府や軍に送るとした。また、死者、傷者、病者、捕虜の名簿を戦闘後、可能な限り敵の軍隊に送ることも規定した。[*29] 最終的にこの第八条案は全会一致で採択される。

このように第一回赤十字国際会議では、戦死者保護規範の明文化が具体的な条文として提案され、全会一致で採択された。しかし、これは一八六四年のジュネーブ条約を改訂する正式な外交会議ではなく、あくまで改訂案を検討するための会議だった。それゆえ、明文化にはさらなる外交会議を待つ必要があった。

ところが、その後、ジュネーブやベルリンで数度の国際会議が実施され、ジュネーブ条約の追加条項などが採択されたものの、戦死者保護規範が明文化されるには至らなかった。[*30]

## 3　実践から明文化へ――独仏戦争から日露戦争へ

### 独仏戦争

最終的に戦死者保護規範が明文化されたのは、一九〇六年のジュネーブ条約からだった。そこに至るまでにいくつかの戦争があり、そのなかで戦死者保護規範の実践が蓄積される。一九〇六年のジュネーブ条約には、そうした実践の積み重ねが反映されていた。

具体的に言えば、独仏戦争（一八七〇～七一年）、アメリカ南北戦争（一八六一～六五年）、米西戦争（一八九八年）、そして日露戦争（一九〇四～〇五年）である。ジュネーブ条約が新たに起草された一九〇六年の国際会議の前に、どのように戦死者保護規範の実践が行われたのかを簡単に見ていこう。

普墺戦争での勝利以降、プロイセンはいよいよドイツ統一を目指した。オーストリアの次に立ちはだかったのが、ナポレオン三世統治下のフランスだった。このプロイセンとフランスの対立は、最終的に戦争で決着をつけることになるが、その直接のきっかけはスペインの王位継承をめぐる両国の対立だった。ナポレオン三世がプロイセンのヴィルヘルム一世に、スペインの王位継承問題に永続的に介入しないよう主張したところ、ビスマルクはヴィルヘルム一世にその主張を無視するよう助言し、フランスを挑発することに成功した。

一八七〇年七月、フランスはプロイセンに宣戦を布告し、戦争が勃発した。[*31] プロイセンはバイエルンなど南ドイツ諸国も戦線に引き入れたことで、事実上、「ドイツ軍」として戦った（そのため、この戦争は独仏戦争と呼ばれる）。

このとき、フランスとプロイセンでは救護体制に大きな違いがあった。プロイセンの救護社は赤十字の腕章を装着し、中立性を明示するよう努めた。また、救護社は中立を掲げながらも、普墺戦争での教訓に学び、救援活動のためにプロイセン軍との一体化を進めていた。これによって、戦場で軍隊と協調しながら救護活動ができる仕組みが整った。[*32] ジョン・ハッチンソンが言うところの「赤十字愛国主義（Red Cross Patriotism）」、すなわち、慈善活動の軍事化という現象が起きたのだ。[*33] 対して、フランスにも救護社が存在したものの、独仏戦争のような大規模な戦争に対応する準備が整っていなかった。戦時中の救護計画も必要な資金もなく、軍との協力関係も構築できていなかった。[*34] また、フランス軍はプロイセンと異なり、ジュネーブ条約そのものに関心を示していなかった。

その一方で、プロイセンがフランス国内に侵攻すると、フランス市民らは、負傷者の救護にあたる住民を保護すると定めるジュネーブ条約第五条に訴えるべく、赤十字の腕章やシンボルを濫用し、自分たちを保護しようとした。[35]

こうしてフランス軍ならびに救護社は、戦闘が激化した際、大量の傷病者に対応することができなかった。軍事史家マイケル・クロドフェルターによれば、約一〇ヵ月間の戦争のなかで、軍人のみで、ドイツ側の死者数は総計四万四七八一人、他方、フランス側は総計一三万八八七一人にのぼった。[36]

さらに、兵士の認識票でも違いがあった。プロイセン軍は普墺戦争の反省から、兵士に金属板の認識票の装着を義務づけ、身元の確認を可能にする努力を行った。また、プロイセン以外のドイツ側の一部の国も認識票を供給した。

他方、フランス軍は認識票を供給することはなく、大量発生した死者の身元確認で、大きな問題を抱えることになる。結局、フランスが兵士に身元を示す金属板の認識票を所持させる決定を下したのは、この戦争から一〇年も経った一八八一年になってからだった。[37]

## 赤十字国際委員会による情報収集

大量の死傷者が出る以上、大量の捕虜も発生する。出征した家族が戦死したのか、それとも捕虜として囚われているのか。この違いは当然大きい。しかし、敵対する国家間での捕虜などの情報の交換は容易ではなかった。そこで登場したのが赤十字国際委員会（ＩＣＲＣ）である。

宣戦布告があった一八七〇年七月の時点で、ＩＣＲＣは捕虜などの情報を収集する活動の準備を整えていた。[38] 一八六九年にベルリンで行われた第二回赤十字国際会議の場で、ＩＣＲＣがこうした情報収集を担当することは、すでに決定されていた。[39] 実際に戦争が進むにつれて、敵軍に抑留された兵士たちが家族に安否を知らせたいと強く望むようになり、ICRCは兵士たちの手紙のやり取りを仲介する活動に着手する。[40] また、それぞれの軍隊が保持する敵兵の入院者名簿や死亡者名簿の交換も、ICRCが仲介を試みた。

しかし、フランス側の救護社が未整備だったことで、フランスからの入院者名簿の送付はなかなか実行されなかった。[41] 同様に、ドイツ側の兵士の多くが認識票を持っていたのに対して、フランス側では認識票の所持が義務化していなかったことから、ドイツ側ではフランス兵の遺体の身元確認が進まず、死亡者名簿の作成にも限界があった。[42]

思うように戦死者の保護が進まなかった独仏戦争だったが、この戦争を通じて、埋葬と国家の関係に大きな変化が生まれた。国家が死亡した兵士の埋葬を全《まっと》うする責任を担ったからだ。戦場や共同墓地に埋葬された遺体は、しばしば慰霊碑のモニュメントを伴った納骨堂にあらためてひとつにまとめられた。[43] また、埋葬に関する国家間の取り決めも行われた。

独仏戦争は最終的に一八七一年五月のフランクフルト講和条約により終結するが、その第一六条には、フランスとドイツの両国が互いの領土に埋葬されている兵士の墓地を尊重、維持することで合意すると明記された。[44]

## アメリカ南北戦争と米西戦争

独仏戦争が勃発する九年前の一八六一年、アメリカ合衆国では各州が北軍と南軍に分かれて内戦となり、その戦争のなかで戦死者保護が一部実践された。この戦争で北軍・南軍合わせて、六〇万人以上が命を失った（戦闘での死亡以外にも、戦場での病死や事故死なども含まれる）[*45]。そのため、両軍にとって戦死者保護はきわめて大きな課題だった。ここでは戦死者保護の制度がより発展した北軍を中心にその実践を見ていこう。

戦争開始から五ヵ月ほどが経った段階で、北軍は一般命令第七五号を発令した。これによって、すべての病院で戦死者の記録を作成する仕組みがつくられ、死亡した兵士の埋葬と死亡記録の提出が、各部隊長の責任に加えられた[*46]。しかし、あまりにも大量の戦死者が発生するなか、これだけでは遺体とその情報の処理には対応しきれなかった。

一八六二年四月、より詳しい指示を明示した一般命令第三三号が発令された。この第三三号では、部隊長の埋葬の責任がより詳細に定められた。具体的には、埋葬候補地の測量、戦死者の番号や氏名を墓標に明記すること、そして墓標の情報を記録することなどである[*47]。最終的に、北軍では「一八七〇年までに埋葬されたすべての者のうち、一七万二一〇九人の身元が確認され、一四万三四四六人が身元不明の死者とされた[*48]。」このように、南北戦争では、国家が戦死者に対して無関心でいることがもはや許されないと考えられた[*49]。

当然、この戦争でも、多くの家族が、出征した兵士たちの安否を知りたがった。その要望に応えるべく、北部や南部の新聞は戦死者リストを掲載した。その元となったのは、従軍牧師が収集した情報や、士官が提供した情報だった[*50]。軍や政府の情報提供でも不十分な場合には、ボランティア組織がその隙間を埋めた[*51]。彼らは戦死者の身元や埋葬地を調査し記録をつけ、最終的にその情報を刊行した。[*52]

プロイセンが認識票を導入し始めたのとほぼ同時期に、アメリカの南北戦争でも、兵士たちが自前の名札をつくり装備した。統一の様式はなく、金属製のものから布製のものまで様々だった。自分が死んだ場合にその情報を遺族に伝えるには、そうした方法しかなかったのである。結局、どの軍隊も正式に認識票を支給することはなかったが、従軍商人や地元の業者らが代わりに名札を作成し販売した。[*53] なお、アメリカ軍が認識票を本格的に導入するのは第一次世界大戦からである。

アメリカ軍による戦死者の管理制度がさらに大きく発展したのは、南北戦争から三〇年以上後に勃発した米西戦争からだった。

この戦争はスペインとアメリカのカリブ海などでの支配圏をめぐる争いで、キューバやプエルトリコ、さらにはフィリピンなどで戦闘が行われた。[*54] 最終的にこの戦争では三〇〇〇人以上の兵士が命を落としたが、少なくとも半数が病死だった。そのうち、一八九九年の六月末までに一二二二人の遺体がアメリカ本国に送還された。身元不明の遺体は全体の一三・六三%程度だった。[*55]

この戦争で戦死者の遺体処置を指揮したのが、従軍聖職者だったチャールズ・C・ピアースで、彼は第一次世界大戦でも、埋葬地の記録制度の構築に尽力することになる。米西戦争後、ピアースはいち早く認識票の必要性を軍に訴え、のちにそれがアメリカ軍に採用されることになる。[*56]

## 日露戦争での日本の実践

戦死者保護は、一九〇四年に勃発した日露戦争でも実践された。この戦争で、日本軍は西洋の戦死者保護規範にできる限り忠実に活動しようと努めた。その努力の裏には、日本が西洋列強に自らが「文明の基準」を満たす国であることを示すべく、懸命に国際人道法を遵守し、その宣伝に努めなければならないという、国際政治上の動機があった。[57]

すでに日本は一八七七年の西南戦争の際に博愛社を設立し、八六年にはジュネーブ条約にも加盟していた（翌年、博愛社は日本赤十字社に改称）。さらに一八九九年にはハーグ陸戦条約が成立し、翌年、日本はこれを批准した。[58] こうして日露戦争では、ジュネーブ条約とハーグ陸戦条約が適用されるべき主な国際法とされたが、戦死者保護規範はこの時点ではまだ明文化されていなかった。にもかかわらず、日本は自らが文明国であることを示すべく、いまだ明文化されていなかった戦死者保護に関する規範をできる限り実践しようと努めたのである。

当時、国際人道法の理解を日本軍に浸透させるべく尽力したのが、国際法学者の有賀長雄《ありがながお》だった。彼は日清戦争以前から陸軍大学校などで国際公法の教鞭をとり、彼の講義を受けた教え子たちが従軍することで、国際法の実践に大きな影響を及ぼした。[59]

有賀は日清戦争では軍司令部法律顧問として従軍した。[60] 帰国後の一八九六年に、日本とフランスそれぞれで公刊されたのが著書『日清戦役国際法論』だった。そのなかで有賀は、戦死者の遺体を敵味方の区別なしに取り扱うことが文明国の慣例であると指摘した。[61] そして、国際的な規範によれば、本来、敵兵の遺体を検死し、死者のリストをつくり、敵側に送らなければならないとした。[62] しかし、日清戦争の現場では、日本軍の兵士の遺体は処置できたものの、清の側の遺体については対応しきれなかったとしている。[63]

有賀は日露戦争でも、やはり法律顧問として従軍し、帰国後、著書『日露陸戦国際法論』を日本語とフランス語で公刊した。この戦争当時も、まだ戦死者保護に関する成文法はなかったが、戦死者保護規範は「文明世界の陸戦の原則」なので、日本軍はできる限りこれに準拠するよう努めた、と述べている。[*64]

注目すべきは、死者の身元調査に関する記述である。この点で日本軍は日清戦争よりもさらに戦死者保護に努めた様子がうかがえる。有賀によれば、当時の国際法上、俘虜《ふりょ》になってから死亡したものについては身元情報を絶対に通知しなければいけないという義務があったが、戦場での戦死については絶対の義務はなかったとする。

しかし、日本政府は戦場での戦死者についても身元調査を行うことを「戦場掃除及戦死者埋葬規則」（一九〇四年五月三〇日）の第三条と第一九条で定めた。そして、日本の俘虜情報局が、俘虜に関する業務のほかに、戦場で戦死した敵についても情報を集め、敵軍に通知するよう努めたという。[*65]

日露戦争における日本社会の分析を行ったナオコ・シマズは、こうした日本の人道主義的実践がナショナリズムと混ざり合っていたとして、「人道主義的ナショナリズム」と呼んだ。[*66]

このように、二〇世紀に入る頃には、戦死者保護は西洋列強の間で国際規範として定着しつつあり、日本はそれを可能な限り受容、実践し、列強諸国に向けて宣伝した。それが戦死者保護規範の再生産に寄与することにつながった。次に述べるように、一九〇六年の外交会議では、日露戦争での実践経験が紹介されることになる。けれども、のちに日本は、第二次世界大戦で捕虜の虐待、人体実験、処刑など、大規模な国際法違反を行い、捕虜の死亡者に関する情報をしばしば隠蔽しようとするのであった。[67]

## 一九〇六年のジュネーブ会議

一九〇六年、一八六四年のジュネーブ条約を改訂するための外交会議がようやく開催された。[68]その第一委員会で戦死者保護の明文化が議論されたが、ここで注目したいのが一九〇六年六月一四日の第二回会議である。この会議において、戦闘後の戦死者保護に関する条文に関して具体的な草案がいくつか出された。

オランダ代表からは、「すべての軍隊同様、すべての政府には敵の傷者ならびに死者を虐待、略奪、凌辱から保護する義務がある。戦闘中、砲火から自分たちを守るために、傷者を利用することを禁じる」[69]、ドイツ代表からは、「戦闘後、戦場を占領する部隊は、略奪からの保護を実施するために、傷者を可能な限りで収容する」[70]という条文案が出された。さらにオーストリア代表からは、死者の身元確認について、「〔戦場を占領する交戦国は〕死者の身元を確認し、規則に従った検死を行うようにし、衛生上の必要性に沿って遺体の埋葬および火葬を確かに行う」[71]という一文が加えられた。

議論の末、傷者、病者、死者の虐待や略奪の禁止という原理については、どの代表も異論なく受け容れた。「可能な限り」という文言を入れるかどうかが議論になったが、最終的に投票を行い、その文言を入れずに原理のみを定めることで決着した。[72]

この二日後に行われた第三回会議では、遺体の身元確認ならびに認識票の義務化に関する点が議論された。その結果、「死者の埋葬および火葬は、遺体の注意深い検査の後でなければならない」という点を明記するか否かについて、細かい条文はさておき、原則そのものは全会一致で採用された。[*73]

もうひとつの論点だった「身元を確認するための認識票」について、国際条約でどこまで定めるべきかでは、各国の立場の違いが明らかになった。

ポルトガル代表は金属板を首から紐でかける形態を提案したが、日本代表は日本軍ではすでに認識票の装備を実践しているものの、国際条約でそれについて規定する必要があるのか疑義を呈した。[*74]フランス代表も同様に、認識票の装備を国際的な義務にする必要はないと主張した。そこで議長が、すべての軍隊が兵士の身元を確定することを可能にする認識票を持たせると条約で定めるべきか投票を呼びかけた結果、この点は条約に定めるべきではないとの結論に達した。

さらに、「死者の身元の確定を可能にするものを、死者が属する国に送付する義務」を明記するかについても投票にかけられることになった。この点についてロシア代表は、日露戦争では傷者や病者の名簿を作成するための情報の交換が行われたことを紹介し、実践上、十分可能であると主張した。[*75]そして、投票の結果、異議なく採用が決定した。

こうして一九〇六年のジュネーブ条約では、第三条で戦場での傷者や死者の保護、ならびに埋葬前の遺体の検査が規定され、第四条で認識票や傷者および病者の名簿の相手側への送付が定められた。これらの条文は、のちに一九四九年のジュネーブ諸条約のなかで、さらに詳細を規定されることになる。[*76]なお、この一九四九年条約では、一九〇六年条約には規定がなかった戦死者の埋葬地の記録に関する義務についても定められる。

### G・モアニエの考え――戦死者保護の思想的基礎

一九世紀後半から二〇世紀初頭にかけて、戦死者保護規範が徐々に実践され、最終的に明文化に至った。それを陰で支えたのが国際法学者のネットワークだった。なかでも、ICRCのギュスタブ・モアニエの貢献は、非常に大きかった。

モアニエはICRCの総裁を一八六三年からおよそ四〇年間も続け、その間にジュネーブ条約の成立、堅持、改訂に力を注いだ。[*77] アンリ・デュナンと比べ、あまり知られていないが、戦死者保護規範の明文化の過程に限って言えば、国際会議で何度も議長を務めるなど、デュナンよりも重要な役割を果たしたと言っていい。

では、モアニエはどのような国際秩序思想に基づき、国際人道法を語ったのか。その点で、もっとも重要な著作が一八七〇年に出版された『ジュネーブ条約の研究』である。[*78] この本はちょうど独仏戦争の勃発と重なったため、世間では十分な評価を得ることはなかったが、国際人道法を基礎づける国際秩序観について体系的に語っており、注目に値する。

モアニエは、国際人道法の発展を文明の進歩の一部と見る。人類は進歩すれば法の遵守に向かい、野蛮に落ちれば武力紛争に向かう。[*79] 彼が生きる一九世紀は、それまでの世紀より人命が保護されるようになってきているが、モアニエによれば、目的地はまだずっと先であるという。[*80] 人間の野蛮の象徴である戦争は決してなくなっていない。しかし、モアニエは、世論が戦争を人類の恥と見なすようになったと主張する。ここに進歩の可能性がある。世論の力が強まれば、戦争もまた徐々に制限されるはずである。彼は情報手段の発達により、戦場での出来事は、世界の目から逃れることができなくなりつつあると指摘する。[*81]

モアニエは言う。たとえ戦争が消えないとしても、戦争はかつての形のままではまったくない、と。[*82]すなわち、国際人道法によって戦争の方法は制限されつつあり、それが文明の発展そのものである。残念ながら、軍隊での実践の進歩は遅く、軍隊のなかには古い規範が根強く存在する。それゆえ、今日必要なのは、戦争に関する法規則をきちんと修正することである。[*83]何が許され、何が禁止されるのかを明文化しなければならない。

たとえば、戦時の略奪や私的所有権の侵害、捕虜や無抵抗な人民の虐殺などは、禁止されるべき事項である。そうした明文化の成果のひとつが一八六四年のジュネーブ条約なのである。[*84]

ジュネーブ条約は教育を通じて広める必要があり、そうすることで世論は発展する。[*85]世論こそ国際法の「より優れた守護者」であり、ジュネーブ条約の遵守は世論に依拠する。

モアニエは一九世紀、慈善（charité）や仁愛（humanité）の精神が人類のなかで広まり、影響力を持ち始めていると見る。それは戦争被害者に対する共感によって起きているのであり、実際に数多くの救護社が世界中に設立されていることが、その証左だと主張する。[*86]

また、こうした仁愛の精神がいくつかの法制度や実践として具体化されているという。たとえば、遺産没収権や難破船の略奪権の廃止、そして、国際紛争下での私的所有権の保護である。[*87]その大前提として、戦争は国家と国家の間のものであって、個人と個人の間のものではない、という考えがある。これは一八世紀のフランスの法学者ジャン・ポルタリスの言葉を借りたものだが、要するに、国同士が戦争状態であっても、それらの国を構成する個人は、もはや個人を敵として考えることはない。戦争は公の領域に属する以上、私的な領域に属する所有権などは保護されなければならないのである。[*88]

## 国際法学者ネットワークの拡大

こうした国際法思想を持っていたのは、モアニエだけではなかった。国際法学者マルティ・コスケニエミが「一八七三年の人々」と呼んだ国際法学者のネットワークは、共通した思想的特徴を持っていた。[*89] モアニエの先の本では、ヨハン・K・ブルンチュリ、フョードル・F・マルテンス、シャルル・ヴェルジェなどの著作が引用されており、彼らの国際法思想からの影響が色濃く反映されている。彼らは自由主義のコスモポリタンで、政治的には穏健派が多かった。

彼らが注目したのは、国家の主権ではなく、社会だった。社会が持つ法意識こそ、法の源泉とされた。国際法も同様で、国家から構成された社会に内在する法意識が、国際法を法たらしめるとした。国際法学者の役割は、そうしたはっきりと言葉になっていない法意識を明示し、社会ならびに法のさらなる発展を促すことである。国際人道法も国際法である以上、国際法学者による解釈や明文化が必要で、「一八七三年の人々」は、実際にその明文化に努めた。

モアニエらは、積極的に国際法学者のネットワークをつくり、国際法に関する雑誌を発行し、国際人道法の明文化に関するプロジェクトを進めた。そのきっかけのひとつが独仏戦争だった。独仏戦争では、赤十字関係者が想像した以上にジュネーブ条約が遵守されなかった。国際法の普及には、法学者による明文化が不可欠だった。モアニエは、ベルギーの法律家ギュスタブ・ロラン＝ジャックマンに働きかけ、国際法学者のネットワークをつくることを提案した。

これと同時期に、ほぼ同じ提案をロラン＝ジャックマンにしたのが、アメリカのフランシス・リーバーであった。リーバーはベルリンに生まれ、ナポレオン戦争時にはプロイセン軍に従軍したが、その後、アメリカに移民し、政治経済学の教授職を大学で得た。そして、南北戦争が始まると、北軍の法律顧問となり、ヨーロッパの戦争の方法に関する慣習法を明文化した一般命令第一〇〇号を作成した。[*90] これは「リーバー法典」として知られ、ブルンチュリをはじめとするヨーロッパの国際法学者らに、国際法明文化の代表例として多大な影響を与えた。[*91]

一八七三年九月、モアニエら欧米の国際法学者たちは、ベルギーのヘントで最初の会合を行い、国際法協会を設立した。そして、彼らは一八七七〜七八年の露土戦争の後、各国内での戦争に関する立法を促すべく、八〇年に「オクスフォード提要」を発表した。やはり、このなかでも死者の保護が定められた（第一九条、第二〇条）。このように、一九世紀後半から一九〇六年のジュネーブ条約の改訂に至るまでに、国際法学者のネットワークが国際人道法の明文化の作業を支えたのである。

こうした国際法学者らの思想には、ほとんど語られない他者が存在したことも指摘しておかねばならない。彼らが国際法をヨーロッパ文明に基礎づけられたものと見なすことで、ヨーロッパ文明の外に置かれた地域は、ヨーロッパ列強と対等な法的人格を持つことが困難になった。[*92] こうした文明の境界線をよく示すのが、日本の存在である。日本は日清戦争、日露戦争において国際人道法を遵守すること（それをアピールすること）で、欧米諸国が示す文明の境界線の内側に参入しようとした。

先に述べたように、国際人道法を基礎づける文明の中核には、仁愛や慈善といった規範が存在する。有賀長雄はそのことを正確に理解していた。仁愛主義は元々キリスト教に由来するが、日本はキリスト教国ではない。有賀はその点を理論的に克服しようとした。有賀によれば、仁愛主義はすでにキリスト教を離れ、一般的な文化となっている。また、日本には武士道に基づく仁義が存在し、欧米諸国の仁愛主義を問題なく受容できると主張した。[*93] 西洋が一方的に定める仁愛主義を受容できることこそ、文明の基準を満たすことだったのである。

## 4　第一次世界大戦――国家による管理へ

### 国家による戦死者情報の管理

戦死者保護は、一九〇六年のジュネーブ条約でたしかに明文化された。それが実践で試されたのは一九一四年に勃発した第一次世界大戦からだった。

この戦争の最大の特徴は、膨大な戦死者数である。歴史家のアントワーヌ・プロストの推算によれば、第一次世界大戦の戦死者数は総計で一〇〇〇万人を超える。[*94] それゆえ、戦時中に戦死者データを各国の政府や軍隊が把握するのは、決して容易ではなかった。また、戦死者同様に急増する行方不明者の足取りをどのように追跡するか、さらに、毎日積みあがっていく遺体をどのように処置し、いかにして埋葬地を記録するかという問題もあった。
結論から言えば、各国は、敵軍はもとより、自国の軍隊の死者すら対処に困り、抜本的に制度をつくり直す必要に迫られた。
プロストによれば、第一次世界大戦でのフランスの戦死者は、およそ一四〇万人（植民地出身者を含む）だった。独仏戦争と単純に比較すると、約一〇倍のフランス人が死亡したことになる。
この時期、すでに戦死者は個人のアイデンティティを尊重され、死亡したかどうか公的に確認する制度が存在した。フランスでは一八九四年七月二三日の行政命令で、兵士の死亡が戦闘中のものかどうか明示するよう求め、一九一〇年の保健規則では、戦死者の状況について記録するよう規定された。[*95]
ところが、そうした法令は、第一次世界大戦の最初の月に大量の戦死者が発生した段階で機能しなくなった。あまりにも大量の戦死者の情報を収集するという業務量が、軍の行政能力を凌駕したからだ。その結果、一九一五年末には、新たな法律によって死亡宣言の要件が緩和された。[*96]
戦場でも、それぞれの兵士の死亡記録の収集は困難を極めた。戦場では主に軍が兵籍を管理したが、軍の病院や国内の衛生部隊は市の管轄だった。この管轄の違いが情報の一元的管理を妨げた。
また、それぞれの軍隊には、兵士の死を記録する兵籍管理の担当者が配置されており、死亡証明書をつくる前に、彼らが個々人の死を確認しなければならなかったが、戦闘が激しくなると、兵籍係が現場に行って死亡を確認すること自体が困難になった。犠牲者の数が多いことも、調査の妨げとなった。結局、現場での書類づくりは難航し、一件に数ヵ月かかることもあった。[*97]

一九一五年春、フランスは楕円《だえん》の金属板の認識票を導入し、これによって遺体の身元確認を、より確実なものにしようとした。戦争が進むと、フランスは認識票のデザインを改良し、切れ目を入れ、二つに割って片方を遺体とともに置いておくことを可能にした。すなわち、兵士が死亡した場合、同じ部隊の人間が片方を死亡の証拠として持っていき、もう片方は戦闘後に遺体を回収する際の身元確認用に置いておく、という仕組みだった。ところが、兵士たちは認識票をすぐに紛失したり、携帯しなかったりした。[*98] なお、この二つに分ける金属板というデザインは、同時期にドイツでも導入された。[*99]

フランス本国では行政文書局が膨大な情報の処理に追われ、状況に適応する必要に迫られた。ほかにも、遺族のための救援局、負傷者の年金・恩給局、遺族のための相続の部局なども同様の事態に陥った。国家は兵士の死だけでなく、遺族に対してもケアをするようになった。しかし、組織構造上、業務が分散し機能が弱く、政府は関連業務の統合を進めた。また、職員の数も増やさざるを得なかった。[*100]

このように戦争で膨大な死者が発生したものの、フランス市民が戦死者の正確な数を戦時中に知ることはできなかった。軍当局が国民を不安にさせたり、敵に状況を知らせたりすることを恐れ、正確な数字の明示を避けたためである。フランスに限らず、交戦国は互いの損失を計算しつつ、国民に向けて偽りの数字を発表する傾向にあった。[*101]

フランスで初めて公に戦死者の総数が明らかになったのは、大戦終結後の一九一八年一二月の議会報告である。その数は、一九一八年一一月一日までで一三八万五〇〇〇人、そのうち一〇七万一〇〇〇人が死亡し、三一万四〇〇〇人が行方不明とされた。[*102]

フランスは、ここまで見てきたように、第一次世界大戦当初、戦死者情報の管理にうまく対応できなかったが、終戦までの数年間に国家が戦死者数を把握・管理し、戦死者個人の死の情報を収集・伝達する構造が相当程度まで強化された。

## 赤十字ネットワークによる行方不明者の追跡

死亡者が増えれば、行方不明者も増える。行方不明となった兵士の家族の痛みは、第一次世界大戦でいよいよ大きな問題になった。そこで重要な役割を果たしたのが赤十字のネットワークだった。

まず、ジュネーブを本拠地とする赤十字国際委員会（ＩＣＲＣ）が、開戦直後の一九一四年八月二一日に国際捕虜情報機関を設置した。この国際捕虜情報機関には、交戦国の捕虜情報局から捕虜名簿が送付されることになっていた。これと並行して、国際捕虜情報機関は独自の調査で情報を収集し、交戦国からの問い合わせにも答えた。[*103]

各国の赤十字社もまた、ＩＣＲＣの動きに呼応するように情報局を設置し、兵士の行方不明者の追跡を行った。[*104] 兵士を送り出した家族は、自分の大切な人が行方不明になると、それぞれの国の赤十字社に問い合わせた。

たとえば、イギリスの赤十字社は早い段階から、ロンドンだけでなく、フランスのパリやブローニュにも行方不明者追跡の事務所を設置し、家族の問い合わせに答えた。[*105] ＩＣＲＣは西部戦線だけでなく、東部戦線に関わる国々、たとえば、オーストリア、セルビア、ロシア、モンテネグロについても情報局を設置するよう働きかけた。[106]

こうして交戦国それぞれの情報局、ＩＣＲＣの情報機関、そして各国赤十字社の情報局のネットワークができた。このネットワークが機能するうえで何より重要なのが、各機関の間での情報交換だったが、そう簡単にはいかなかった。たとえば、ドイツからフランスへの捕虜情報の提供はすぐにあったが、フランスからの提供はなかなか進まず、ＩＣＲＣがフランスを説得する場面もあった。[107]

行方不明者の情報を得るため、ヨーロッパ外の病院で聞き取り調査を行った赤十字社もあった。第一次世界大戦では、中東やアフリカでも戦闘が繰り広げられており、それに付随した軍病院が世界各地に存在したのである。そのため、イギリスの赤十字社は、エジプトなどの病院にも調査員を派遣したが、[108]彼らは「ベッドからベッドを訪ね歩き、通例、一〇〇人の患者に聞き取りをすれば、有益な人物が五人見つかるという具合だった。[109]」それは途方もなく大きな労力が必要な作業だったのである。

この戦争では、戦死者の保護はもちろん、国際人道法の違反が後を絶たなかった。そのため、ＩＣＲＣに各国の赤十字社などから数多くの人道法違反の訴えが寄せられた。そこでＩＣＲＣは国際人道法の遵守を呼びかけるとともに、ＩＣＲＣの紀要に人道法違反の可能性がある事例を公表した。ただし、ＩＣＲＣは訴えのあった事例を公表するのみで、それに関して独自に調査を行うことは避けていた。[110]

## 遺体および埋葬地の管理

兵士が大量に死亡すれば、何らかのかたちで埋葬しなければならない。第一次世界大戦当時、交戦国の多くで、戦没者一人ひとりを棺《ひつぎ》に納めて埋葬し、名前と埋葬場所を国家がはっきりと把握することを理想とした。そこで、兵士たちが無名の遺体になることを防ぐ策が取られた。たとえば、認識票として身元を明記した板などを装備したり、兵籍係が死者を確認して埋葬地を記録したり、一時的な埋葬の際に立てた十字架に戦没者の身元がわかるようなものを残したりする、といった具合である。[*111]

しかし、戦場では、激しい戦闘が続くなか、敵軍の兵士はおろか、自軍の兵士ですら、埋葬できないままになっている遺体が数多く存在し、ひどい悪臭を放っていたという。また、衛生上の問題などから、ひとつの墓穴に多数の遺体を埋めた事例も少なくなかった。特に一九一五年以前には、前線で死亡した兵卒の場合、共同で埋葬されることが多かった。それでも、兵士一人ひとりのために十字架を立てる努力がなされた。軍事的な理由から埋葬を急ぐ場合には、砲弾でできた穴や塹壕に遺体を埋めることもあった。[*112]

イギリスは一九一五年初めに墓地登録委員会（のちに帝国戦争墓地委員会に改組）を設置し、一元的に遺体と埋葬地の管理を行った。この委員会のリーダーがフェビアン・ウェアだった。

ウェアは戦争開始当初、赤十字社員として、戦地で自動車を使って負傷者を捜索し、後方に搬送する活動を行った。ところが、その活動の途中で、イギリス人戦没者の墓に遭遇した。そこには急ごしらえの十字架が立てられていたが、誰もその墓の場所や戦没者の身元を記録していなかった。

ウェアをはじめとする軍や政府の関係者は、そうした一次的な埋葬地を記録する必要を強く感じ、そのための組織を設立した。[113]このようにイギリスでは、赤十字社が国家の機能を補完し、それが正式に国家の一組織として改組されたのである。

膨大な戦死者が発生するなか、最終的に遺体を本国に送還するのか、それとも戦没した場所で埋葬するのか、といった問題も発生した。いずれの交戦国でも、少なからぬ数の遺族が戦没した兵士の遺体を本国で埋葬したいと望んだ。

ドイツでは、遺族が遺体を掘り出し、本国に送還することは私的な問題であるとして禁止しなかった。アメリカは、自国の兵士の遺体は本国に送還することを原則とした。フランスやベルギーは、当初、個人的な遺体の掘り出しを禁じたものの、すぐに許可に転じた。イギリスだけが、個人的な遺体の掘り出しや送還を禁じ、徹底して現地での埋葬を進めた。その根拠は、社会階層や軍の階級に関係なく、戦没者は全員等しく扱うべきとする平等主義だった。[114]

ところが、イギリスは平等主義を謳いながら、植民地出身の兵士たちの埋葬は別の扱いにした。特にアフリカで行われた戦争では、インドとアフリカ出身の兵士が数多く動員されたが、埋葬方法は白人兵士と区別された。この問題を研究したミシェル・バレットによれば、「兵士として戦って死亡したアフリカ人、あるいは運搬者として命を落としたアフリカ人は、二〇万人以上にものぼったが、彼らは個人の墓の価値を正しく認識するであろう「文明の段階」に達していないと論じられ、そして、その遺体は「自然に還る」ようにされ、墓標なしとなった。[115]」

＊

一九世紀から二〇世紀初頭にかけて、ヨーロッパでは戦死者保護が国際規範となった。その背景には、普墺戦争をはじめとする様々な戦争によって、大量の行方不明者が発生した問題があった。戦争の方法を人道的なものにしようとした国際会議では、行方不明者の家族の痛みを問題とし、解決のために、遺体の保護や戦死者情報の収集などがルールとして定められた。この国際規範化の過程を支えたのがＩＣＲＣだった。

第一次世界大戦では、この規範に基づく実践が試みられたが、必ずしもうまくいったわけではなかった。国家は、膨大な行方不明者や戦死者を前に、処理が追い付かなかったからだ。それでも、国家が自国民の（兵士としての）戦死を管理するという仕組みが徐々にでき上がった。この国際規範は、二一世紀の国際社会でも有効であり、ＩＣＲＣはウクライナ戦争でも依然として同じ役割・機能を果たしている。

# 第2章　殺してはならない人間——文民保護の道程

二〇二二年二月に始まったウクライナ戦争について、国連人権高等弁務官事務所（OHCHR）は、定期的に文民の死傷者数を公表してきた。たとえば、二〇二二年八月二二日のデータでは、一万三四七七人の文民が死傷し、そのうち五五八七人が死亡、七八九〇人が負傷したとされた。[*1]

なぜわざわざ文民の死傷者数を公表するのか。それは、戦争において交戦国は文民を攻撃対象にしてはいけない、という国際規範が存在するからだ。具体的には、一九四九年に締結されたジュネーブ諸条約の第四条約にそのことが定められている。

前章で見たように、ヨーロッパで兵士の死の管理が始まったのは、一九世紀後半からだったが、文民の死はいつどのように問題にされたのか。本章では文民保護規範の発展の歴史を概観する。

実のところ、この一九四九年のジュネーブ諸条約は、非常に複雑な構造になっている。なかでも、第四条約の文民保護規範はとてもわかりにくい。その理由は、文民が非常にアンビバレントな存在だったからである。それまで文民は、君主の身勝手で専断的な戦争に巻き込まれ、私財、最悪の場合には生命を奪われる存在として描かれていた。つまり、弱くて、かわいそうな文民である。その一方で、徴兵されたり、占領軍に対して一斉蜂起したりすることで、潜在的な軍事的脅威としても描かれていた。あるいは、銃後で軍隊を支える戦争経済の主体ともされた。こうなると文民は軍事的脅威である。

要するに、文民は状況によってまったく異なる性質を持つ。あるときは受動的かつ平和的で、あるときは戦闘的で危険な存在というわけだ。一九四九年、国際社会はこのアンビバレントな文民という存在を国際人道法のなかで具体的にどう描いたのか、また、どのような方法で保護すると規定したのか、その構成を読み解いていこう。

## 1　文民とは誰なのか

### 「無辜の人間」から文民へ

文民とは誰かは、実は難問である。一般的には、文民とは民間人のことであり、軍隊に属さず、戦闘に参加していない一般市民を意味する。しかし国際法上、厳密に考えると、これが容易に定まらない。戦争での文民保護については数多くの研究が存在する。[*2] こうした先行研究では、どういう見方がされているのだろうか。

文民の定義や範囲については、ある程度、共通した見方は存在する。

第一に、文民の対概念は戦闘員（combatants）である。国際政治学者ロベルト・シュッテが指摘するように、「「文民」を定義するには、最初に「戦闘員」を定義しなければならない」[*3]。実際、文民の定義・範囲は、戦闘員の定義・範囲の変動に直接の影響を受けてきた。しかし、文民保護の歴史研究で知られるヘレン・キンセラによれば、ヨーロッパで文民が戦闘員の対概念となったのは一九世紀以降のことである。[*4] それ以前、中世ヨーロッパでは「無辜《むこ》（innocent）の人間」は戦争の攻撃対象から外されるべきである、という「免責（immunity）」の概念が存在した。[*5] 近代に進むにつれて、この「無辜の人間」というカテゴリーは、「文民」に少しずつ取って代わってきた。[*6]

第二に、歴史的に見れば、文民保護規範の適用外と見なされる人や地域が数多く存在した。とりわけ、脱植民地化以前の国際社会では、ヨーロッパの列強諸国によって、文明／非文明の二分法が押し付けられ、非文明地域での戦争の場合には、しばしば文民／戦闘員の区別は無用とされた。[*7] 誰かれかまわず皆殺しにすることができたのである。

要するに、文民の定義や範囲は、戦闘員のそれと一対であるだけでなく、その二分法の外に「非文明地域の人々」というカテゴリーが存在した。脱植民地化をめぐる闘争も、ジュネーブ諸条約成立後でさえ、しばらくの間、国際法の管轄となる武力紛争とは見なされなかった。[*8]

第三に、国際人道法の発展における分水嶺をなした一九四九年のジュネーブ諸条約だが、[*9] その第四条約（通称「文民保護条約」）は、文民を保護対象として直接に規定した画期的なものだった。たしかに一九〇七年のハーグ陸戦条約にも、文民保護に関わる条文が含まれる。しかし、そこに文民（civilians）という言葉は、ほとんどない。主に言及されているのは住民（inhabitants）であり、あくまで戦闘員がどのように戦闘を遂行するかを定めるなかで、間接的に言及されたに過ぎない。第四条約では、文民保護が主要なテーマであり、それについて事細かに定められたのである。

では、一九四九年のジュネーブ諸条約の文民とは誰なのか。実はこの条約ですら、文民は積極的に定義されなかった。けれども、文民保護条約を起草し採択に至るまでの過程で、イメージされた文民像は確かに存在した。以下では、あらためて文民のイメージの変遷を追ってみよう。

## 2　第二次世界大戦前の文民イメージ

### 公の領域への限定

一九四九年にジュネーブ諸条約が成立する以前、文民はどのようにイメージされていたのか。それを理解するために、一八世紀以降のヨーロッパで、戦争における文民をめぐり、二つの相反する動きが進行した点を押さえる必要がある。

ひとつは、戦争を国家と国家の関係（公の領域）に限定しようとする動きである。この考え方によれば、戦争とは基本的に君主と君主の敵対行為であり、一般市民はそこから区別されるか、最悪でも付随的に敵対関係に組み入れられるにすぎなかった。

もうひとつは、国民全体を戦争に動員する動きである。一九世紀、ナショナリズムの発展とともに、文民は徴兵を通じて兵士となるか、占領軍に攻撃を仕掛ける非正規兵になる可能性が高まった。また、銃後で軍隊の補給を支える軍事経済の主体にもなった。

軍事史の大家マイケル・ハワードによれば、「一八世紀までに、ヨーロッパの戦争は、今日われわれがよく知っている類の専門的軍隊によって行われるようになってきていた」[*10]。国家が平時でも軍隊を養い、武装させるシステムが構築されるとともに、軍隊にはサブカルチャー、すなわち、独自の慣例や習慣などができあがり、社会の他の階層から区別される存在になった。[*11]

こうして軍隊と市民社会が分離するにつれて、戦争のなかでも、攻撃対象を兵士に限定する動きが生まれる。この動きを代表する論者が二人いる。一人は、一八世紀に活躍したスイスの国際法学者エメール・ド・ヴァッテルである。彼は『諸国民の法』（一七五八年）のなかで、「敵」という概念を「私的な敵」と「公的な敵」の二つに分けている。[*12]前者は個人的な動機から「われわれ」を害そうとする存在であり、後者は、権利の回復や政治的な主張のために、「われわれ」に向けて軍事力を用いる存在である。

ヴァッテルによれば、戦争とは、当事国の国民が互いに「公的な敵」となる営為である。主権者が別の主権者に戦争を宣言すると、それぞれの国民も「公的な敵」となる。ただし、女性や子どもなど、武器を携帯して戦闘に参加することが困難な人々については、敵とは区別しなければならない。[*13]軍隊が戦闘に勝てば、相手の領土を占領することになるが、占領した地域では、軍隊が公的な所有物の獲得（鹵獲《ろかく》）が可能である。しかし、市民個人の私的な所有物については原則保護される、とした。[*14]

ヴァッテルよりも、さらに急進的な主張を行ったのが、ジャン＝ジャック・ルソーである。彼は『社会契約論』（一七六二年）のなかで、「戦争は、個人と個人との関係ではなく、国家と国家の関係であって、この関係において個人は人間としてではなく、また市民としてでさえなく、兵士としてたまたま敵対しているだけにすぎない」[*15]と主張した。この立場に従えば、戦闘に参加していない文民は戦争の当事者ではなく、当然、攻撃対象から除外されることになる。こうした主張はルソーだけにとどまらなかった。一七世紀のフランスの法学者ジャン・ポルタリスなども、戦争を国家と国家の関係、すなわち公の領域に限定するよう主張した。[16] 後にこのテーゼは、「ルソー・ポルタリス原則」と呼ばれる。[17]

一九世紀に入ると、第1章で見たとおり、戦争に関する国際法の整備が本格化したが、その主要なテーマは、常に兵士の処遇であり、人道支援活動を行う人々を除き、文民はほぼ蚊帳の外だった。だからと言って一八世紀から一九世紀にかけて、文民が戦争に巻き込まれなかったわけではない。一八世紀、ヨーロッパの軍隊は、主に現地で兵士や馬の食料を獲得した。[18] それは売買の場合もあれば、略奪の場合もあった。

たとえば、ナポレオンは戦争のなかで素早く広範囲に軍隊を動かすために、現地での徴発を重視した。[19] また、焦土作戦では敵の補給を阻害するために相手の進路に位置する村落を焼き払った。補給に関するこうしたやり方は、鉄道が戦争に利用され、人員や物資の移動に革命的な変化をもたらした一九世紀後半でさえ続いた。[20] 文民はたとえ日常生活を継続していても、徴発を通じて戦争に巻き込まれたのである。

## 国民動員の時代

一八世紀末のヨーロッパでは、市民全体が戦争の主体になる動きも進んだ。フランス革命後、革命政府は、オーストリアやプロイセンといった諸外国からの脅威に対抗すべく、軍隊を新しく再編する必要に迫られた。その結果、革命後も残存した旧来の軍隊と、新たに動員された市民層を混ぜ合わせた軍隊が成立した。[21]

フランス軍は、再編を通じて大規模化したが、兵士の質の低下や現地徴発のために、多くの場所で日常生活を送る文民が犠牲になった。[22]プロイセンもまたフランス軍に対抗すべく、徴兵制によって国民を動員し始めた。[23]

一九世紀後半になると、大陸ヨーロッパでは、いよいよ本格的に国民の徴兵が制度化した。[24]そして、各地域でのナショナリズムの浸透と発展により、戦争は「国民と国民の衝突」という性質を強めた。一九世紀初頭は、ナポレオンの軍隊ですら半数が外国人だったとされるが一九世紀後半になると軍隊の構成員のほとんどが自国民の兵士となった。[25]

国民全体が兵士として戦争に動員され始めると、文民は潜在的な軍事的脅威となった。この当時、戦争で文民が論点となるのは、とりわけ占領の場合だった。こうした局面では、攻撃側は敵の領域内に駐屯する。その際、国民全体が武器をとって抵抗することがあり、攻撃側にとって大きな脅威となった。

一九世紀初頭に活躍したプロイセンの軍人カール・フォン・クラウゼヴィッツは、『戦争論』（一八三二～三四年）のなかで、こうした戦闘を「人民蜂起」と呼び、その特性を「抵抗体は至る所に存在するが、どこにも見つからない」[26]と説明する。いわばゲリラ戦、非正規戦である。そして、特に交通網が未発達で、村落が散らばって存在している地域の場合、住民への略奪や焼き払いなどの懲罰が困難で、抵抗運動に対する対応が難しいと指摘する。[27]実際、一八七〇～七一年に行われた独仏戦争では、プロイセンはフランス市民によるゲリラ戦に苦しめられ、報復的措置をとった。[28]このように一九世紀、占領における抵抗と報復が慣習的に行われた。[*29]
占領地の人民が脅威であるという認識は、一九〇七年のハーグ陸戦条約からも読み取れる。その第一〜二条では、戦闘員の要件を明記し、侵略を受けた地域（ただし被占領地ではない）の人民が蜂起した場合、兵器を公然と携帯するなどの義務を果たせば、蜂起した人民は、捕虜として処遇される権利を得られるとした。
しかし、敵国に占領された地域では、人民の蜂起は正当な抵抗手段とは見なされなかった。その代わり、被占領地域では、占領軍による略奪が禁じられた。[*30] すなわち、私的所有権の保護が明記された。

## 総力戦の時代

文民は占領地でのゲリラ戦以外でも、銃後での生産活動の主体として軍事的脅威となった。一九世紀末、武器製造業が公的な性格を帯びて巨大化し、[*31] 第一次世界大戦ではいよいよ国家の生産活動全体が戦争の遂行と結び付いた。[*32] すなわち、国家が戦争のために領域内のあらゆる人員と物資を動員する「総力戦」が始まったのである。総力戦では、文民も戦時経済で重要な役割を担った。

空爆も文民の位置付けを大きく変えた。ヨーロッパ諸国が二〇世紀初頭にアジア・アフリカ地域で開始した空爆という新しい戦術は、[*33] 第一次世界大戦ではヨーロッパでも実施された。そして、第二次世界大戦になると、いよいよ本格的に市街地を攻撃対象とした。空爆開始当初、攻撃対象は主に武器製造などで戦争に直接関与している工場などに絞られ、それが正当化の根拠となった。その後、攻撃対象はなし崩し的に拡大し、文民の家屋にまで及んだ。[*34] 焼夷弾の発明によって、家屋の破壊はより効率的となった。[*35] そして、核兵器の発明は戦闘員と非戦闘員の区別そのものを無意味にした。

第二次世界大戦中の空爆の事例として代表的なものが、イギリスによる一九四五年のドレスデン空襲である。この空襲は都市全体を徹底的に破壊することを目的とし、実施する側にとって軍事的必要性と道徳的要請の間で強烈なジレンマを引き起こした。[*36] アジア・アフリカ地域ではあまり問題にならなかったが、[*37] ヨーロッパが戦場になった途端、無防備な一般市民を大量に殺害することが道徳的に大きな問題になった。

イギリスではドレスデン空襲に際して、爆撃によって敵国民の士気が低下し、降伏につながるとする見方が地域爆撃を正当化した。[*38] すなわち、国民の戦意が戦争継続の意思決定において重要とされた。民間人を巻き込む都市部への大規模な空爆は東京でも行われたが、日本にはさらに広島と長崎に原子爆弾が投下され、莫大な被害をもたらした。原爆投下後、アメリカはその非人道性が世界に知られることを恐れ、占領政策のなかで被爆者の情報を隠蔽した。[*39]

## 3　一九四九年のジュネーブ諸条約の成立

### 第二次世界大戦後の急展開

このように一九四九年までに、文民は受動的で平和的である一方、戦争を支える主体であり、占領などに直面すれば、攻撃的でさえあるとイメージされた。

文民が脅威である以上、実際の戦争では報復や攻撃の対象となった。一九四七年、前赤十字国際委員会委員長マックス・フーバーは、後述する専門家会議での演説で、文民保護の課題について次のように述べている。

文民は個人でも住民全体でも、〔中略〕諸条約の保護のもとに置かれていません。たしかにハーグ陸戦条約の諸条項が被占領地域の人民の保護を目的としているのは真実です。しかし、それらは占領国の権力に対して、より明確な制限を課しておらず、一九一四年から一九一八年にかけて、許されない行為を防ぐには十分ではありませんでした。少なくとも、これらの諸条項は、被占領地域にのみ適用されるもので、敵国にいる文民までは含みません。それらは新しい戦争の手法、すなわち「総力戦」と呼ばれるものの技術的、政治的、経済的手法も考慮に入れていません。[*40]

ヨーロッパ諸国の多くが、ナチ・ドイツによる占領を経験し、占領に伴う文民の保護（逆に言えば、占領軍の権力の抑制）が重要であることを痛感した。敵国にいる民間人が迫害される例も数多く発生した。また、一九三〇年代のスペインのように、内戦でも多くの民間人が命を落とした。何より、核兵器の投下を含め、大規模な空爆が数えきれないほどの人命を奪った。こうした問題意識を背景に、一九四九年の国際会議では、ジュネーブ諸条約の第四条約を設けたのである。

そこに至るまでの道のりは困難なものだった。ICRCは、第一次世界大戦が終わってから何度か文民保護の明文化を国際社会に働きかけたが、すべて失敗に終わっていた[*41]。ところが、第二次世界大戦後に急展開する。大戦直後に始まったニュルンベルク国際軍事裁判は、戦勝国が取り決めた国際軍事裁判所憲章に基づき、戦争中の文民に対する殺害や虐待などを犯罪として裁いたのである[*42]。

これと並行して、第二次世界大戦が終わる頃、ICRCは各国の赤十字社とともに、再び、文民保護規範の明文化を含む、ジュネーブ諸条約の改訂準備に取りかかった。また、ICRCはアメリカ、フランス、イギリス、中国、ソ連といった戦勝国にジュネーブ諸条約の改訂に関する覚書を送り、専門家会議に代表を送るよう働きかけた[*43]。

フランスとアメリカはこの動きに賛同し、すぐに準備にとりかかったが、イギリスは消極的な姿勢を示した。フランスはナチ・ドイツによる占領の経験から、文民保護の重要性を痛感したが、イギリスは文民保護の規定が今後の戦争で面倒な制限を生むのではないかと危惧していたからだ[*44]。ICRCをもっとも悩ませたのがソ連だった。ソ連はICRCに不信感を持っており、今回の専門家会議の招待は断ると返信した。

一九四七年春、予定よりも一年遅れて、専門家会議が開催された。開催地のジュネーブには、一五ヵ国から約八〇人の専門家が集まり、ICRCの草案をもとに、条約に関する意見交換を行った[*45]。翌年八月には、スウェーデンのストックホルムで、第一七回赤十字国際会議が開催され、五六ヵ国の代表が参加した。ソ連はここでも公式には参加を見送ったが、情報を収集するために非公式の代表を派遣した[*46]。この会議で本格的に諸条約の草案が検討され、次の外交会議のための叩き台がつくられた。[47]

そして一九四九年四月、ついにジュネーブで、戦争被害者保護のための国際条約締結に関する外交会議が開催された。そこにはソ連を含む、六四ヵ国の代表が参加した。[48]

## ジュネーブ諸条約と保護される人間

この一九四九年のジュネーブ会議では、既存の三つのジュネーブ諸条約の改訂作業を行うとともに、文民保護を規定したジュネーブ条約を新設した。この新たな条約の中身を検討する前に、一九四九年のジュネーブ諸条約について簡単に説明しておこう。

ジュネーブ諸条約とは戦争の被害者を保護するための四つの条約の総称である。

前章で見たように、諸条約の歴史は、一八六四年に成立した「戦地にある軍隊の傷者及び病者の状態の改善に関するジュネーブ条約」（第一条約）に始まった。当初、一二ヵ国が署名するのみだったが、その後、拡大した。一八九九年には「海上にある軍隊の傷者、病者及び難船者の状態の改善に関するジュネーブ条約」（第二条約）が成立し、一九二九年には「捕虜の待遇に関するジュネーブ条約」（第三条約）が成立した。これら三つの条約はあくまで軍隊の傷病者や捕虜を人道的に扱うことを謳うものだった。すなわち、文民は直接の保護対象ではなかった。

一九四九年のジュネーブ会議では、第一〜三条約が改訂された。前章で見た戦死者保護の規定は、この改訂でさらに詳細なものになった。それ以上に重要なのが、「戦時における文民の保護に関するジュネーブ条約」（第四条約＝文民保護条約）が新たに創られたことである。それまで軍隊の関係

2-1　1949年のジュネーブ諸条約で保護される文民のカテゴリー

| カテゴリー | 具体的な文民のイメージ | 文民となるための要件 | 主な関連条文 |
|---|---|---|---|
| Ⓐ占領などで敵国の権力下にある文民 | ①占領された領土の住民<br>②紛争当事国の領土で生活する敵国の国籍を持った人々 | 国籍 | 第4条約の第4条 |
| Ⓑ空爆など住民全体への攻撃にさらされる文民 | 傷者、病者、老人、15歳未満の児童、妊産婦及び7歳未満の幼児の母 | 身体の様態、年齢、性別 | 第4条約の第13〜26条 |
| Ⓒ内戦下の文民 | 敵対行為に直接に参加しない人々 | 行動 | 共通3条 |

者のみが保護対象だったことに鑑みれば、この文民保護条約成立は革命的なことだった。当時、ICRC委員長だったポール・ルーガーは、第四条約の成立は「奇跡」であると語った。[*49]文民保護条約は、戦争という国家の主権的行為を一部制限しうるものだったからである。

では、ジュネーブ諸条約で、「文民」はどう定義されたのか。本章の冒頭でも述べたように、諸条約では文民の定義は積極的に明示されていない。その代わり、保護対象となる文民のカテゴリーをいくつか提示している。すなわち、どういう状況で、どういう要件を備えた人間が保護されるのか、というカテゴリーである。[*50]

具体的に保護される文民のカテゴリーは、上の表のようにまとめることができる。

このように、第四条約では文民そのものは定義されておらず、文民をいくつかのカテゴリーに分けて保護を定めた。そのカテゴリーは占領、空爆、内戦など、具体的な場面をもとに形づくられた。

## 文民が保護を獲得するためには

ここからいくつか疑問が出てくる。たしかに第四条約では、文民の保護が規定されている。しかし、仮に交戦国が戦闘中にこの規定を破って、文民に攻撃を加えて虐殺した場合、誰が攻撃を受けた人間が文民だったと立証するのか。また、誰がその死を軍事的必要性によって正当化できないと立証するのか。そして、その主張はいったいどこですればいいのか、である。本書はこれらの問題を次章以降で深掘りするが、ここではいったん、一九四九年のジュネーブ諸条約のなかに、どのような規定があるのか見ておこう。

占領の場合はどうだろう。条約上、占領の際、文民は保護されるはずである。しかし、もしも占領軍が暴虐な振る舞いを始めたら、どうすればいいのか。すでに述べたように、ハーグ陸戦条約では、被占領地域での抵抗運動への参加は住民の権利として認められていなかった。

ところが、第二次世界大戦では、ドイツ占領下のフランスなどで占領軍に対抗するゲリラ戦が展開され、戦後、人民による抵抗運動の意味づけが変わる。その結果、一九四九年のジュネーブ諸条約の第一条約で、保護される者の範囲に「組織的抵抗運動団体の構成員」が含まれた（第一三条）。

このように、文民は組織的な抵抗運動に身を投じた瞬間から、戦闘員として分類され、一定の保護を受ける構造になった。つまり、文民は、占領下で保護が得られない場合には、抵抗運動を行う組織に入って戦闘員として行動する（文民であることを止める）という選択肢があった。もちろん、戦闘員になったからといって、占領軍が丁重に扱ってくれるとは限らないし、そもそもこれは文民がそのアイデンティティを維持したまま保護を獲得する方法ではない。

では、空爆の場合はどうだろう。一九四九年の外交会議の際、ＩＣＲＣは空爆などの攻撃から文民を守るために、安全地帯の設置を紛争当事国に義務付ける案を模索した。結局、イギリスなどが軍事的観点から反対して義務付けは見送られたものの、安全地帯の設置に関する規定は盛り込まれた[51]（第四条約第一五条）。

もし紛争当事国が安全地帯の設置に合意し、設置が実現すれば、文民は安全地帯に移動することで保護を受けられるかもしれない。問題は武力紛争下での設置可能性が、どれほどあるかということ、そして、設置した際に、どこまでその安全性を確保できるのかということだった。

近年でも、シリア紛争やウクライナ戦争で、安全地帯や人道回廊などを設置し、文民を攻撃から守ったり、安全な場所に移動する経路を確保したりする案が出されたが、ほとんど実現してこなかった。

では、交戦国以外の誰かが文民保護条約の履行を監視するのは、どうか。この点について、文民保護条約では、利益保護国（Protecting Powers）という制度が取り入れられた。利益保護国とは何か。たとえば、戦争の場合、自国の市民が敵国から不当な扱いを受ける場合がある。その際、敵国の権力下に置かれた自国の市民の利益を、どこか別の国に保護してもらう。この仕組みが利益保護国制度である。

この制度は元々、捕虜の扱いを監視する制度で、一九世紀に明文化された。[52]これが一九四九年のジュネーブ諸条約では文民保護にまで拡大された。ただし、利益保護国を置くには交戦国の合意が必要である。第二次世界大戦後、実際に利益保護国を置いた戦争としては、一九八二年のフォークランド紛争が挙げられるが、こうした事例は必ずしも多くない。

## 監視アクターの不在

一九四九年のジュネーブ諸条約では、文民保護においてICRCなど国際NGOの人道支援活動が認められている。彼らが文民保護の履行を監視すればよいのではないか。けれども、次章で見るように、ICRCは人道法に違反する行為について当事国に警告はするが、原則として世論に訴えることはなかった。さらに、人道法に関する国際的な裁判制度なども、一九四六年からの交渉過程で提案されたが、イギリスやアメリカの反対にあって実現しなかった。ICRCもこうした国際制度の構築には否定的な立場だった。[*53] 国際NGOや国連などが文民保護の履行を監視するようになるのは、ずっと後のことである（第4章で論じる）。結局、一九四九年のジュネーブ諸条約の体制では、文民保護を監視するアクターは不在だったのだ。

実際、ジュネーブ諸条約成立直後の一九五〇年に始まった朝鮮戦争では、膨大な数の文民が命を落とした。朝鮮戦争とは朝鮮民主主義人民共和国（北朝鮮）と大韓民国（韓国）の間で始まった戦争だが、米軍を主体とする国連軍が韓国側に、中国が北朝鮮側に付いた。この戦争では、まだジュネーブ諸条約は効力を発していなかったが、米国務省はジュネーブ諸条約の人道規範を尊重する意思をICRCに伝えた。[*54] また、戦争中も、アメリカ政府や軍の高官らは、たびたび、米軍が文民保護規範を守っていると主張した。

たとえば、米国務長官のD・アチソンは、戦争中、「国連軍が無防備な市民を爆撃し、殺害している」との批判に応えて、「国連軍の空中での軍事行動では、これまで侵略者の軍事的標的に対してのみ狙いを定めてきたし、現在もそうしている。これらの標的とは、敵の軍隊の集結地、補給品集積場、軍需工場、および兵站線である」[*55]と主張した。

しかし、アメリカ軍は、大量に発生した難民に発砲し、虐殺した老斤里《ノグンリ》事件（一九五〇年七月）を起こすとともに、[*56]諸都市への大規模な空爆による焦土作戦を展開した。[*57]交戦国が文民を虐殺したとき、世界の誰もそれを記録も報告もできず、まして処罰もできない。これが一九五〇年代当時の文民保護の現実だった。

では、文民が死亡した場合について、ジュネーブ諸条約はどのように規定しているのか。この点は、第四条約の第一二九条から第一三一条にかけて定められている。これらの条文は、空爆ではなく、あくまで敵国によって抑留された文民を念頭に置いている。それによれば、抑留された文民が死亡した場合、医師がそれを確認し、死亡した状態と原因を記した死亡証明書を作成しなければならない。そして、その証明書を利益保護国や情報局に送付しなければならないとされた。遺体は個別に埋葬するとともに、その墓の場所も記録し、その情報を死亡した者が属する国に通知しなければいけない。さらに、抑留された民間人の死因が、抑留した側の暴力など犯罪による可能性がある場合には、抑留した国が調査し訴追するための措置をとることが義務付けられた。もちろん、こうした規定が実際の戦争で履行されるとは限らなかった。

*

一九四九年のジュネーブ諸条約では、新設の第四条約で文民の保護が規定された。文民は、自国が占領下に置かれると武器を取って抵抗する危険な存在だった。一九世紀、文民はこの点で脅威だった。しかし第二次世界大戦では、ヨーロッパ諸国がナチ・ドイツによる占領を経験し、占領国の権力に歯止めをかける必要性を痛感した。敵国に居住する自国民が暴力にさらされる例も数多く発生した。また、この戦争では、本格的に都市部への空爆が行われ、一方的に民間人が虐殺される事態に直面した。こうした状況の変化を背景に、一九四九年に文民保護規範が明文化された。

本章は、文民とは誰かという問いから出発したが、一九四九年の文民保護条約では、文民そのものは定義せず、その代わり、保護される文民のカテゴリーをいくつか明示した。すなわち、どういう状況で、どういう要件を備えた人間が保護されるのかというカテゴリーである。

この文民保護条約は奇跡的な成果だったものの、それを現実に履行させるための国際制度まで整備されたわけではなかった。ジュネーブ諸条約がいくら破られようと、それを記録し告発して、国家と闘うアクターはまだ存在しなかったからだ。戦争において主権国家はあまりにも強い存在だった。次章では、そのような記録と告発を行うアクターが国際社会に登場する歴史的過程を見ることにしよう。

# 第3章　戦争の証言者の登場――NGOと国連

国際社会は第二次世界大戦の経験を経て、ようやく戦時の文民保護を明文化した。しかし、誰がその履行を監視するのか、という問題がそのまま残された。では、二〇二〇年代の世界では、どうなっているのか。

二〇二二年に始まったウクライナ戦争では、定期的に国連の人権高等弁務官事務所（OHCHR）が文民被害に関するデータを調査、公表している。また、ヒューマンライツウォッチなどの人権NGOが、ロシア軍による戦争犯罪を告発している。このように、いまでは国連の人権関連組織と人権NGOが、しばしば協力しながら一九四九年のジュネーブ諸条約などの国際人道法の履行監視を行っている。こうした人道ネットワークが生成する戦争データが、戦争に直接関与しない人々の認識に大きな影響を与えている。

では、いつからどのようにして、国連の人権関連組織や国際NGOは、紛争での人権侵害や人道法違反を調査、公表するようになったのか。本章は、こうした紛争の証言者が登場してきた歴史をたどる。[*1]

## 1　赤十字国際委員会の沈黙――ビアフラ戦争

### 証言しない赤十字国際委員会

一九世紀後半、国際NGOの先駆けである赤十字国際委員会（ICRC）が登場し、国際人道法の発展を支えたのは、第2章で見た。しかし、ICRCにしても、各国の赤十字協会にしても、あくまで国家の軍隊の活動（特に衛生活動や失踪者の情報収集活動）を補完する存在だった。彼らは、いわば国際的に承認された中立的な政治空間のなかにおり、主権国家と直接対立することは、ほとんどなかった。それは、主権国家による活動を公に批判し、その実態を証言することを避ける姿勢につながった。[*2]

ICRCのこの姿勢は、人道上の悲劇が無数に起きた第二次世界大戦でも維持された。たとえば、ナチ・ドイツによるユダヤ人の大虐殺について、ICRCは世界にその実態を告発することはなかった（一九八〇年代以降、この点は何度も批判された）。[*3] 第二次世界大戦でのICRCの主要な活動内容は、あくまで連合国から要請された人道支援活動だった。[*4] また、ICRCの活動に少なからぬ影響を与えたスイス政府の政治的中立にも、相当配慮しなければならなかった。[*5] それはホロコーストだけではない。二〇世紀初頭、ドイツが南西アフリカで起こしたヘレロとナマの虐殺や、イタリアによるエチオピアでの毒ガス使用の問題などの人道危機についても、ICRCは沈黙を貫いた。[*6]

第二次世界大戦を経て大きく変化したのは、前章で見た通り、文民保護規範が国際法によって明文化されたことである。一九三〇年代、ＩＣＲＣは文民保護の明文化を二度試みたが、失敗に終わり、第二次世界大戦後、一九四九年のジュネーブ諸条約でようやくこれを実現した。[*7]

また、その前年には、国連総会で「集団殺害罪の防止および処罰に関する条約」（通称「ジェノサイド条約」）が採択され、国民的、人種的、民族的、または宗教的な集団の一部または全部を破壊する意図を持って行われる行為、つまりジェノサイドが国際法上、犯罪とされた。

この意味での「ジェノサイド」という概念をこの世界に生み出したのは、ポーランド系ユダヤ人のラファエル・レムキンだった。彼は二度の世界大戦を生き延び、国家によるマイノリティの大量虐殺を国際法で処罰するために、人生をかけて運動し続けた。[*8] ジェノサイド条約はレムキンの努力がなければ存在しなかったかもしれない。

ジェノサイドの場合、文民／兵士という区別は直接関係ないものの、人間を虐殺から保護するという点では、一九四九年の文民保護条約と理念的に近しい。文民保護条約が戦争に関わる文民被害を問題にするのに対して、ジェノサイド条約は平時、戦時を問わず、虐殺を問題にする。第4、5章で触れるが、旧ユーゴスラビア紛争の国際刑事裁判ではジェノサイドが大きな争点のひとつとなった。

## ビアフラ戦争――ＩＣＲＣへの武力攻撃

ＮＧＯが戦争データをめぐって、国家と対立する契機となったのが、一九六七～七〇年にナイジェリアで起きたビアフラ戦争である。ビアフラ戦争の原因についてはいまもなお論争的だが、背景

3-1　1967年のナイジェリアおよびビアフラ

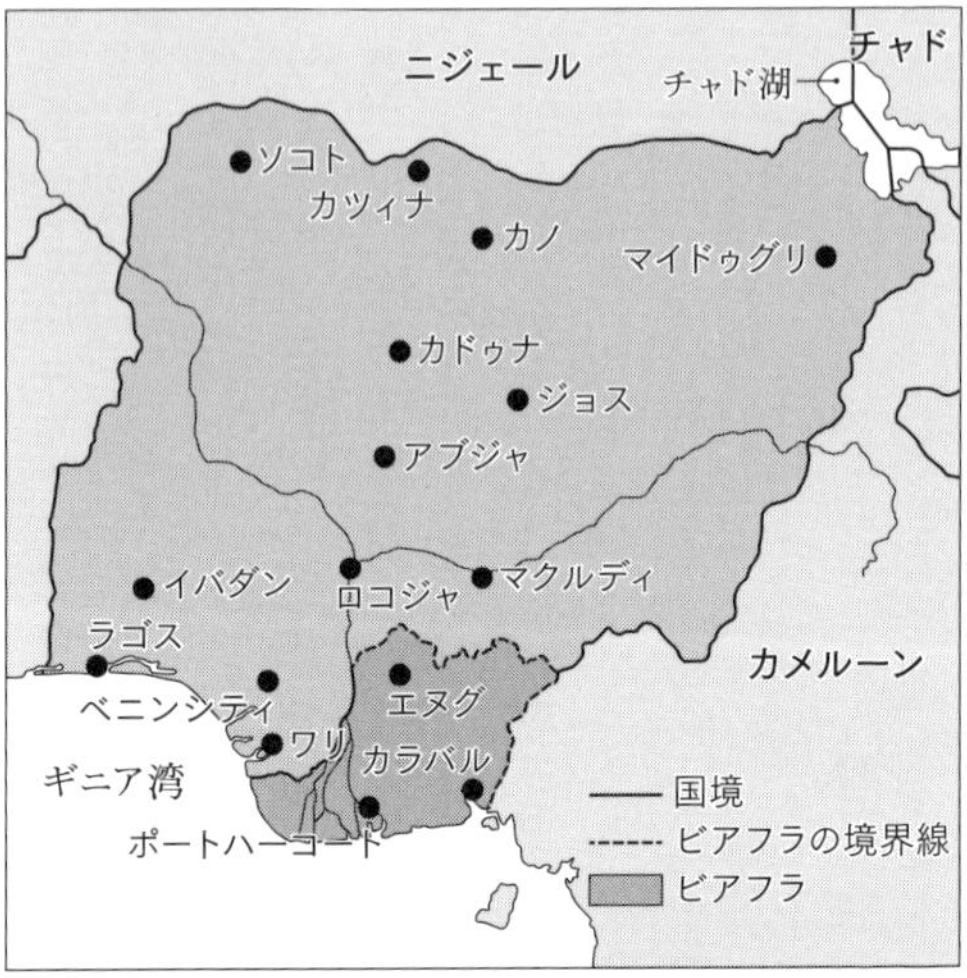


出典：Lasse Heerten, *The Biafran War and Postcolonial Humanitarianism: Spectacles of Suffering* (Cambridge: Cambridge University Press, 2017), p. 51を基に筆者作成

には、脱植民地化後に激化した地域間・民族間の対立があった。

脱植民地化直後、ナイジェリアは大ざっぱに言えば、ハウサ＝フラニを中心とした北部、ヨルバを中心とした西部、そしてイボを中心とした東部に分かれていた（ただし、他にも無数の民族が存在した）。

一九六六年七月、イボ系のジョンソン・アグイイ＝イロンシ将軍による集権的統治に反発する北部出身のヤクブ・ゴウォンらがクーデタを起こし、政権の打倒に成功した。ゴウォンらのクーデタは成功したものの、イボが多数派の東部だけは、イロンシ将軍が任命したチュクエメカ・オジュクが統治を継続した。また、このクーデタをきっかけとして、北部ではイボの人々への迫害や虐殺が増加し、難民が発生した。

国家元首に就任したゴウォンが州制の改革を発表すると、一九六七年五月、オジュク率いる東部が独立を宣言し、連邦政府と東部ビアフラの間で武力紛争が勃発する。連邦政府とビアフラは軍事力において、どちらかが圧倒的というわけではなかった。しかし、連邦政府には国際的な承認があったことから、ビアフラ側を反乱勢力として国際的に孤立させようとする。さらに、物理的にもビアフラを封鎖しようと試みた。[*9]

戦争開始直後、ICRCは、捕虜の調査や現地の赤十字協会の支援などに取り組んだ。その後、これと並行して、文民への人道支援を開始した。ところが、連邦政府による封鎖と、ビアフラ政府による人道危機の政治的利用が相まって、ビアフラで大規模な飢餓が発生すると、その対応が活動の中心となった。[*10]

一九六八年夏、ビアフラの飢餓で命を失う子どもたちの写真が西側のメディアに出るや否や、同戦争は世界的な注目を集め、ICRCへの圧力も一気に高まった。[*11]この飢餓がしばしば「アウシュビッツ」と結びつけて語られたことも、関心を広げた。当時、「ホロコースト＝人道危機の代表例」という認識も形成の途上だった。[*12]

他方、ビアフラ政府は外国の広告会社を雇うなど、国際社会での正当性を高める戦略に出ていた。[*13]ICRCはビアフラに支援物資を運びこむべく、空輸ルートを構築しようとしたが、連邦政府が武器の密輸を疑ったため、ICRCに敵対的な態度を示すようになった。[*14]そして、ついにはICRCに向けて武力攻撃を行い、関係者が犠牲になる事態まで起きる。

この現場で活動していたのが、ベルナール・クシュネルをはじめ、のちに国境なき医師団を設立するフランスの医療団だった。現場では、ビアフラでの深刻な飢餓や連邦政府の問題を国際世論に向けて公表するよう求める声が強まった。しかし、ICRC本部は、ナイジェリアの連邦政府に抗議を行ったものの、連邦政府の行為を公に批判することはなかった。[*15]こうしてICRC本部と現場の間で、徐々に亀裂が生まれていく。クシュネルらは、フランスに帰国すると『ル・モンド』紙に彼らがビアフラで体験したことを語った。[*16] そして、その後、「ビアフラ・ジェノサイド反対委員会」を設立する。

### 北イエメン内戦――ポストコロニアルの武力紛争

ビアフラ戦争と同様に、一九六〇年代に起きた北イエメン内戦でも、やはりICRCの態度が問われた。

一九六二年、イエメンの支配者だったアフマド・ビン・ヤフヤが死去し、一部のエリートと軍関係者が権力を掌握し、イエメン・アラブ共和国（北イエメン）が成立した。彼らはすぐにエジプトに支援を要請し、エジプトからの部隊の派遣を受け入れたが、新たな統治体制に反発を抱く地域が反乱を起こす。反乱側はサウジアラビアの支援を受け、そこにエジプトの勢力拡大を恐れるイギリスも加わった。[*17]

この戦争では、様々な人権侵害の訴えが赤十字の現地代表に寄せられたが、一九六五年の段階で、ICRC本部は「ICRC代表の役割には人権侵害の訴えを調査することは含まれない、むしろ実践的に被害者を援助することを含む」[*18]と現地代表に書き送った。特に、エジプト軍による化学兵器使用が問題にされたものの、ICRCは沈黙を維持した。人道支援団体を含む文民への攻撃が激しくなった一九六七年の段階で、ついにICRCはそうした行為を非難する声明を出した。[*19]

ICRCの証言拒否政策への圧力は、その後、ますます高まった。後述するように、一九七〇年代には、中南米の権威主義政権による人権侵害が問題となり、その実態の解明を求める声が強まった。一九八〇年代末からは、ホロコーストでのICRCの沈黙に関する歴史的検証が始まり、同時にクシュネルなど活動家によるICRCへの批判が本格化する。[*20]

一九六〇年代に起きた変化とは何だったのか。それは、ポストコロニアルな武力紛争で、従来のICRC式の人道支援活動の前提が成立しにくくなったことである。ICRCが前提としたのは、主権国家がそれぞれの軍隊を管理し、軍事力を行使する戦争だった。そこには主権国家から承認された中立な政治的空間が（少なくとも言説上は）存在し、傷病兵を分け隔てなくケアする活動に対する認知があった。

ところが、ポストコロニアルな武力紛争では、主体が必ずしも主権国家だけではなかった。対立もしばしば地域や民族を境界線とした。それゆえ、攻撃対象は特定の民族や地域で、軍人／文民という区別も明確ではなかった。それどころか、意図して特定の地域や民族の一般市民を攻撃対象とする事例が散見された。中立な政治空間は必ずしも承認されず、一般市民への人道支援は、特定の勢力への軍事支援と区別されにくくなった。それゆえ、証言を拒否することで人道支援をより実効的にするという政策は必ずしも成功するとは限らず、逆に一般市民への虐殺を傍観するとの批判につながった。

しかし、ICRCの第一の目的は傷ついた人々のケアである。大規模な人権侵害を証言し、国際社会の場で批判することは、支援活動そのものを危険にさらすことにもつながる。証言の拒否をはじめ、いずれの側にも与《くみ》しない立場を維持してきたからこそ、ICRCは紛争地でも信頼を勝ち得てきた側面がある。[*21]

証言することが支援活動を危機にさらす可能性があるのは国境なき医師団も同様で、彼らでさえ証言には慎重な姿勢をとってきた。[*22] そこで登場したのが、人権侵害や人道法違反の調査に取り組む国際NGOである。

## 2 エルサルバドル紛争での証言

### 一九七〇年代の変化

一九七〇年代、変化は少しずつ始まった。

第一に、一九七七年にジュネーブ諸条約の追加議定書が国際会議で採択され、ジュネーブ諸条約の内容が拡充された。これは植民地独立闘争を通じて、従来の主権国家間の武力紛争以外の状況でも、戦闘員や文民に十分な法的保護を与える必要が明らかになったことが背景にある。

一九四九年のジュネーブ諸条約は、基本的に国家間の戦争を前提にしている。たとえば、ある国で反政府勢力が出現し、内戦になったとする。そこで反政府勢力はゲリラ戦を展開した。ゲリラはどういう扱いになるかと言えば、国際法ではなく、国内の刑法の管轄となり、反逆罪の犯人と見なされる。ゲリラは実質、戦闘員であっても、反逆罪の犯人となれば、捕虜の待遇を受けることはできない。同様に、一九四九年のジュネーブ諸条約の文民保護条約も、あくまで国家間の戦争を念頭に置いた構造になっている（ただし、その共通三条は、非常に曖昧で多義的な解釈を許すものではあったが、内戦のような状況にも文民保護が適用される内容だった)。
これに対して、一九七七年の二つの追加議定書は、こうした捕虜や文民の保護といった規範をより精緻なものにするとともに、それらが植民地支配からの解放闘争や内戦にも適用されると定めた。[*23]

第二に、チリ、ブラジル、アルゼンチンなどの権威主義体制の国々のなかから、人権活動家やNGOが現れ、人権侵害の現状を記録し訴え始めた。そして、こうした現地の活動家やNGOと、アムネスティ・インターナショナルなどの国際NGOが結びつき、グローバルなネットワークを形成した。

人権の思想史を著したサミュエル・モインによれば、アムネスティに代表される人権運動は、国連を改革の中心地とするのではなく、草の根の運動をグローバルにつなげることで、一九七〇年代の人権規範隆盛の原動力になった。[*24] 一九七七年には、チリのピノチェト政権による国民の弾圧を告発したことで、アムネスティ・インターナショナルはノーベル平和賞を受賞した。[*25] そして、このグローバルな人権運動は、一九七〇年代、アメリカの中南米政策の議論に人権保護という争点を持ち込み、軍事援助などに一定の制限をかけ始めた。[*26]

戦争データの生成を専門とする統計学者や法医学者の多くが、アルゼンチンやグアテマラなどで、活動のキャリアを開始したのは決して偶然ではない。グローバルな人権運動は、中南米の問題から大きく隆盛し、それが人道法違反を監視する活動にもつながったのである。[*27]

人権運動の隆盛は、このほかにもソ連の共産主義体制に対する批判の文脈とも密接につながっていた。ソ連の作家アレクサンドル・ソルジェニーツィンが一九七三年に『収容所群島』をフランスで発刊し、ソ連で反革命分子と見なされた人々がどのような運命をたどったのかを告発した。それがヨーロッパで全体主義に反対する運動に火をつけるとともに、イデオロギー上の空白を生んだ。すなわち、共産主義に夢を見た人々は、新しい道徳的な課題を必要とした。その空白を埋めたのが人権規範だったのである。[*28]

## 一九八〇年代、エルサルバドル紛争

紛争での国際人道法および人権法の違反をめぐって、NGOのネットワークと主権国家が本格的に闘争したのが、一九八〇年代のエルサルバドル紛争である。

中米に位置するエルサルバドルでは、一九世紀末以降、少数の土地所有者が富の大半を独占し、大多数の農民・労働者は深刻な貧困に喘《あえ》いでいた。一九七〇年代に入っても、社会構造の改革は一向に進まず、暴力によって政治的対話の空間は縮小していった。選挙が数度実施されたものの、軍部による介入や政府による工作によって結果が操作され、市民による抗議活動が強まった。これに対して、政府や軍とつながる右派勢力が、抗議を行う市民らを次々に暗殺した。[*29]

一九八〇年三月には、改革派の中心人物だったオスカル・ロメロ大司教が殺害され、ますます多くの人々が抵抗運動に参加し、改革を求める様々な政治組織が結集して、民主革命戦線（FDR）を結成する。[*30] そして一九八一年半ばにゲリラ組織が集まり、ファラブンド・マルティ民族解放戦線（FMLN）がつくられる。FMLNには、キューバやニカラグアなどが支援を行った。[*31] 戒厳令が敷かれて弾圧が激化すると、ついには長期的な内戦に突入した。[*32] この内戦で多くの一般市民が拷問を受け、殺害された。

アメリカも、エルサルバドル紛争の事実上の当事者だった。ケネディ政権期から、反共政策の一環としてエルサルバドルの軍事機能の強化を促した。[*33]そして、レーガン政権が誕生すると、アメリカは本格的にエルサルバドル政府の支援に乗り出す。レーガンは対エルサルバドル政策において、政治的解決よりも軍事的解決を優先した。一九八一年二月、レーガン政権は「エルサルバドルへの共産主義の干渉」と題する文書を発表し、[*34]翌年一月には第一七国家安全保障決定指令を出し、エルサルバドルへの軍事援助の増額や、外国からの支援を受けた反乱勢力の討伐支援などを謳った。[*35]

軍事援助ならびに経済援助は、レーガン政権成立以降、爆発的に増加した。一九八〇年の軍事援助の総額がおよそ六〇〇万ドルで、経済援助の総額が約五八〇〇万ドルだったのに対して、一九八四年には、軍事援助と経済援助がともに約二億ドルにまで及んだ。[*36]また、要人の暗殺をはじめとする対反乱活動には、アメリカの軍事アドバイザーが深く関与した。[*37]アメリカ政府は、紛争中、エルサルバドルでの様々な人権侵害が右派勢力によるものと把握していた。[*38]

## 証言するNGOの登場

大規模な武力紛争に至る前から、エルサルバドルの市民社会は、政府による激しい人権侵害に直面し、ささやかながらも抵抗を始めていた。政府軍や準軍事組織によって誰がどのように拉致・殺害されたのか、そうした出来事の一部始終を記録するNGOが生まれた。ソコロ・フリディコ、エルサルバドル人権委員会、チュテラ・レガルといった組織である。[*39]なかでも、アメリカの新聞社などが主要な情報源としたのがソコロ・フリディコだった。

ソコロ・フリディコは、一九七五年にカトリックの法律家や法学部の学生によって設立され、一九七〇年代末、正式にカトリック教会の組織となった。[*40] 当初の目的は、法的な救済を必要とする市民（特に貧困層）に法的支援を行うことだったが、徐々に不当に拘束されている人々の解放を求めるなど、権威主義政権による人権侵害に対して司法的手段で抵抗する組織になっていった。[*41]

ソコロ・フリディコの代表者であったロベルト・クエヤルは、ロメロ大司教とともにこの組織の活動内容を以下のように定めたと証言する。

実態ならびに事実の検証と分析。侵害された権利および憲法に関する研究と厳格な解釈。正しい解決策の一部として、あらゆる利用可能な法的資源と対話を尽くすこと。政府も司法制度も否定できない公的な告訴をかたちづくること。この告訴は被害者からの公式の証言と厳正かつ精力的な調査により、裏づけられたものとする。[*42]

このように、この組織は発足当初、司法制度という武器を最大限に利用することで人権侵害に抵抗しようと試みた。国内法はたしかに人権規範を明記していたからである。

ところが、改革派の中心人物、ロメロ大司教が一九八〇年三月に暗殺されると、武力紛争が本格化するとともに政府による弾圧も激化し、ソコロ・フリディコは、いよいよ国内の司法制度では抵抗できなくなった。一九八〇年一二月に制定された五〇七法令（さらには一九八四年二月の五〇法令）によって、法の適正な手続きはすべて停止され、治安部門の裁量が支配し始めた。さらに政府や軍に都合の悪い司法関係者も次々と殺害される。[*43]

そのため、この時点からソコロ・フリディコの活動は、最後に残された抵抗手段として、人権侵害と思しき事件の記録と報告書の作成に集中していく。[*44] 民間人殺害の事実を記録として残そうとしたのである。ただし、現地のNGOは皆、エルサルバドル政府とアメリカ政府から激しい圧力や妨害を受け続けた。たとえば、エルサルバドル人権委員会は、代表者二人が準軍事組織によって暗殺された。[*45]

## ヘルシンキ・ウォッチからアメリカズ・ウォッチへ

一方、アメリカ国内でも、エルサルバドル紛争について、国際法違反を訴える組織が誕生した。アメリカズ・ウォッチである。

この組織は、主に中・東欧の人権状況の改善を目指して活動していたヘルシンキ・ウォッチから派生したものだった。ヘルシンキ・ウォッチとは、一九七八年に設立された非政府組織である。その目的は、旧ソ連圏の各国政府が、人権の尊重などを内容とするヘルシンキ宣言（一九七五年）を遵守しているかどうかを監視することであり、旧ソ連圏内の様々な市民グループを支援することだった。

一九八〇年、レーガン政権の誕生を目の当たりにすると、ヘルシンキ・ウォッチの中心人物の一人だったアリー・ネアは、ヘルシンキ最終協定に署名した国々以外でも人権保護運動を展開する必要があると考えた。

ネアの言葉によれば、「ヘルシンキ・ウォッチの指導部にとって、組織の活動内容を拡張しなければならないということが、レーガンの選出によって明白になった」[*46]。そして、「もし〔レーガン政権の〕人権政策にインパクトを与えたいとすれば、ラテンアメリカで活動する能力を構築しなければならない」[*47]と考え、一九八一年、他の活動家とともに紛争地で国際法の侵害を監視し、公に告発する組織、アメリカズ・ウォッチを設立したのだ[*48]。

彼らはエルサルバドルのNGOと協力しながら、国際人道法の違反や人権侵害の事実を調査し、公表した。元々、ヘルシンキ・ウォッチは、メディアや各国政府関係者とのやり取りなどを通じて、人権侵害を行う政府を公に「名指しし、批判する」(naming and shaming) 手法をとった。それに倣って、アメリカズ・ウォッチも、この手法でアメリカ政府やエルサルバドル政府に圧力をかけようと試みたのである。

エルサルバドル紛争での人権侵害(および人道法違反)をめぐる闘争の場は、主にアメリカ世論および議会だった。その最大の理由は、あらためて言うまでもなく、人権侵害の当事者であるエルサルバドル政府軍を支えていたのがアメリカ政府だったからである。アメリカズ・ウォッチなどのNGOネットワークは、アメリカ政府の政策変更をひとつの目標とした。

## データをめぐるアメリカとNGOの闘い

一九八二年一月二六日、アメリカズ・ウォッチは、エルサルバドル紛争での人権侵害(特に文民被害）に関する二七五頁にも及ぶ報告書を発表し、アメリカの世論に訴えた。[*49] この報告書はソコロ・フリディィコによる調査結果を基に作成されたもので、一九八一年までに一万人以上の民間人がエルサルバドル政府によって殺害されたことを明らかにしていた。

報告書がこのタイミングで発表されたのには理由があった。二日後、レーガン大統領がエルサルバドルの人権状況を議会で報告する予定だったからである。これはアメリカの「国際安全保障及び開発協力法」に基づき、援助が不当な人権侵害を助長していないことについて説明責任が求められたことによる。それでもレーガンは予定通り、エルサルバドルの人権状況は国際的な基準に沿って改善していると議会で述べた。そして、NGOの正当性を掘り崩すべく、エルサルバドルのNGOはゲリラ寄りの調査をしており、報告書はいずれも信頼性に欠けると主張した。レーガンの対応からは、NGOはもちろん、アメリカ政府もまた国際人道法をそれなりに気にしている様子が窺える。

アメリカズ・ウォッチはこれに応え、アメリカ政府の情報収集がいかに杜撰《ずさん》で、ソコロ・フリディィコの調査手法がいかに公正かを訴えた。

彼らによれば、ソコロ・フリディィコは現地で目撃者の証言や被害者の親族などへのインタビュー、さらに利用可能な物的証拠を検証し、報告書を記しているとした。アメリカ政府はソコロ・フリディィコが情報源を隠していて信頼できないとするが、それは情報提供者の安全確保のためには不可避であった。対して、アメリカ政府の調査は、駐エルサルバドル米大使の報告書に依拠したが、その報告書はエルサルバドルの新聞社による報道のみに頼っていた。ところが、新聞社は、右翼と政府を支持する二社以外すべて閉鎖されており、実質、政府の情報をそのまま垂れ流しているに過ぎなかった。米大使は現地調査のための人員も、本格的な調査をする権限も与えられていなかった。両者を比べれば、どちらが公正か明らかである、とアメリカズ・ウォッチは主張した[*50]。

その後、エルサルバドルのカトリック教会は、人権調査のための組織チュテラ・レガルを設立し、政府とゲリラ双方の人権侵害を調査、公表するようになった[*51]。同様にアメリカズ・ウォッチもまた、一九八三年の報告書から双方の人権侵害を掲載し始めた[*52]。すべてをプロパガンダだとするアメリカ政府とエルサルバドル政府の戦術に抵抗するために、人権侵害の記述が客観的で中立であると、できる限り示す必要に迫られたからである（のちの国連の調査では、ゲリラ側よりも政府軍による人権侵害の方が圧倒的に多数だったとされた[*53]）。

また、適用される国際法の解釈も徐々に精緻なものになった。たとえば、アメリカズ・ウォッチが一九八四年四月に国際人権法律家委員会と共同で発表した報告書では、一九七七年のジュネーブ諸条約第二追加議定書や、一九四九年のジュネーブ諸条約の共通三条がどのように適用されるのか、詳細に論じている[*54]。これはそれまでの報告書にはない変化だった。

こうしたNGOのネットワークによる闘争は、必ずしもアメリカ政府の干渉政策およびエルサルバドル政府による人権侵害を停止させたり、大きく修正したりすることはできなかった。けれども、国際人道法および人権規範が大きな争点となった結果、大国はそれまでよりも人権侵害がやりづらくなった。様々な場面で弁明や手続きを強いられたからである。一九八〇年代以降、ヒューマンライツウォッチは活動範囲を世界中に広げ、様々な人権問題や人道法違反の問題を調査、公表していく。

## 3　国連の事実調査——第三次中東戦争、ソ連のアフガン侵攻

### 国連人権委員会とは

では、国連はどうだったのか。国連は、いつから人道法違反の情報を調査、公表し始めたのだろうか。

国連は一九四五年に設立された普遍的な国際組織で、国際社会の平和を実現すべく活動してきた。ところが、国連には、国際人道法の履行監視を主要な活動内容とする常設の組織が存在しない。国連の前に存在した国際連盟でも、それは同じだった。国連も連盟も様々な情報を収集する機能を備えていたにもかかわらずである。

ちなみに、第一次世界大戦後、赤十字のなかで、中立な立場から戦時中の人道法違反の事実調査を行う赤十字国際委員会の創設案が出されたが、実現しなかった。[*55]また、一九七七年のジュネーブ諸条約追加議定書には、人道法違反の事実調査について国際事実調査委員会の設置が規定されたが（第一追加議定書の第九〇条）、実際の武力紛争でこの組織が活動した実績はいまだない。[*56]

ならば、まったく国際人道法の違反行為は放置されてきたのかと言えば、そうではない。国連では、特定の紛争や人権問題について、事務総長が特別代表を通じて事実調査を行うことができる。また、国連には国際人権法を司る組織が存在し、そうした人権関連組織が人道法の履行監視を一部

担っている。
具体的には、国連人権委員会（UN Commission on Human Rights）が、活動当初から人道法にかかる事実調査（fact-finding）を行い、長い時間をかけて制度的な実践を積み重ねてきた。後述するが、人権委員会は二〇〇六年に人権理事会（Human Rights Council）に改組され、現在でも様々な紛争の人道法違反についての調査を行っている。

しかし、国連はNGOと異なり、国家間の取り決めによって設立された組織であり、各国政府が交渉を行うフォーラムでもある。ゆえに、国連が主権国家と戦争データをめぐって対立するのは、例外的な状況である。まして冷戦期には、米ソの狭間で国連が自由に振る舞える余地は非常に限られた。それでもなお、国連人権委員会は、一九六〇年代に人道法に関する事実調査を行った。これはいったいどういう経緯だったのか。

具体的な話に入る前に、国連人権委員会（以下、人権委員会）がどういう組織なのか見ておこう。人権委員会は一九四六年、国連経済社会理事会（以下、経社理）によって設立された。設立当時一八ヵ国から構成されたが、脱植民地化による主権国家数の増加に伴い、二一ヵ国（一九六二年）、三二ヵ国（六七年）、四三ヵ国（八〇年）、五三ヵ国（九二年）と増えていく。[*57]

当初、人権委員会は国家による個別の人権侵害の事例に対応するための権限を持たなかった。しかし、一九六七年の経社理決議一二三五（XLII）によって、人権侵害が起きていると疑われる国について、公開の審議を行う権限が付与された。[*58] さらに一九七〇年には経社理決議一五〇三（XLVIII）によって、個人やNGOからの通報をもとに、特定地域の人権侵害について非公開の審議ができるようになった。

この決議一二三五（XLII）は、人権委員会による特別手続きの根拠とされている。[*59] 人権委員会は、この特別手続きを通じて、個人（特別報告者、もしくは独立した専門家）、あるいは五人のメンバーから構成される作業部会を任命し、調査と報告を実施することができるとされた。

### 第三次中東戦争によるイスラエル占領地問題

人権委員会による戦争の事実調査は、一九六〇年代に始まった。そのきっかけは、第三次中東戦争によって生じた被占領地の問題だった。これが実現した背景には、脱植民地化に伴う国連内の変化があった。

国連が設立された一九四五年当初、加盟国数は五一ヵ国だったが、六五年にはアジア・アフリカの脱植民地化を経て、一一八ヵ国にまで増加した。その結果、国連総会ではアジア・アフリカ諸国の意見が通りやすくなり、一九六五年の第二〇回国連総会では、人種差別撤廃条約が採択された。

人権委員会の構成国も、先述したように一九四六年には一八ヵ国だったが、六七年には三二ヵ国にまで拡大され、そこでもアジア・アフリカ諸国が優位に立った。[*60] この変化に伴い、人権委員会のアジェンダも、一九六六年から七九年の期間には、人種差別問題が全体の二割近くを占めた。[*61]

国連の性質が大きく変化するなか、一九六七年六月、第三次中東戦争が勃発した。イスラエルと、エジプトならびにシリアの緊張関係が急速に高まり、イスラエルによる奇襲攻撃によって本格的な武力衝突に発展した。エジプトは武力衝突の直前まで、シナイ半島への軍隊の動員、第一次国連緊急軍の撤退要請、ティラン海峡封鎖など、挑発的とも言える行動に出ていたが、戦争が始まるとイスラエル軍に短期間のうちに敗北する。[*62] その結果、イスラエルは、エジプトが統治していたシナイ半島とガザ地区、ヨルダンの支配下にあった東エルサレムとヨルダン川西岸、シリアが領有していたゴラン高原を占領する。

この占領が人権委員会でのジュネーブ諸条約の違反調査のきっかけになる。というのも、これら被占領地に住んでいたアラブ系の人々の家屋が、イスラエル軍によって次々に破壊されているとの情報が国連に寄せられたからだ。

武力衝突が終了した直後、国連安保理では決議二三七が採択され、紛争当事者に向けて、文民と捕虜の保護が呼びかけられた。[*63] 翌月、国連事務総長ウ・タントは、ニルス・グッシングを特別代表として中東に派遣した。[*64]

このイスラエルの占領が、国際社会の場で、植民地主義や人種主義と結びつけられる。その動きを象徴するのが、一九六八年四月にテヘランで開催された国際人権会議である。[*65] アジア・アフリカ諸国は、この会議を通じて人権概念の再解釈を試みた。彼らは、貧困や開発が人権規範上の最重要課題であると主張するとともに、植民地支配からの解放もまた、人権の一部であると再解釈したのである。

採択された決議は、脱植民地化をめぐる武力紛争での人権や人道法の履行確保の必要性を訴えていた。[*66] それがジュネーブ諸条約の第一・第二追加議定書を成立させる一九七四～七七年の外交会議の開催につながった。先述のとおり、この追加議定書によって、一九四九年のジュネーブ諸条約の内容は、植民地独立闘争や内戦にも適用されるようになる。
この国際会議で、イスラエルによる占領問題は、植民地主義や人種主義と連続する問題として理解された。[*67] そして、採択された決議のひとつは、一九四九年ジュネーブ諸条約に基づき、第三次中東戦争の被占領地での文民の保護を訴えていた。[*68] こうして被占領地の問題は、アジア・アフリカ諸国の最優先事項のひとつになった。

3-2 第三次中東戦争後の中東

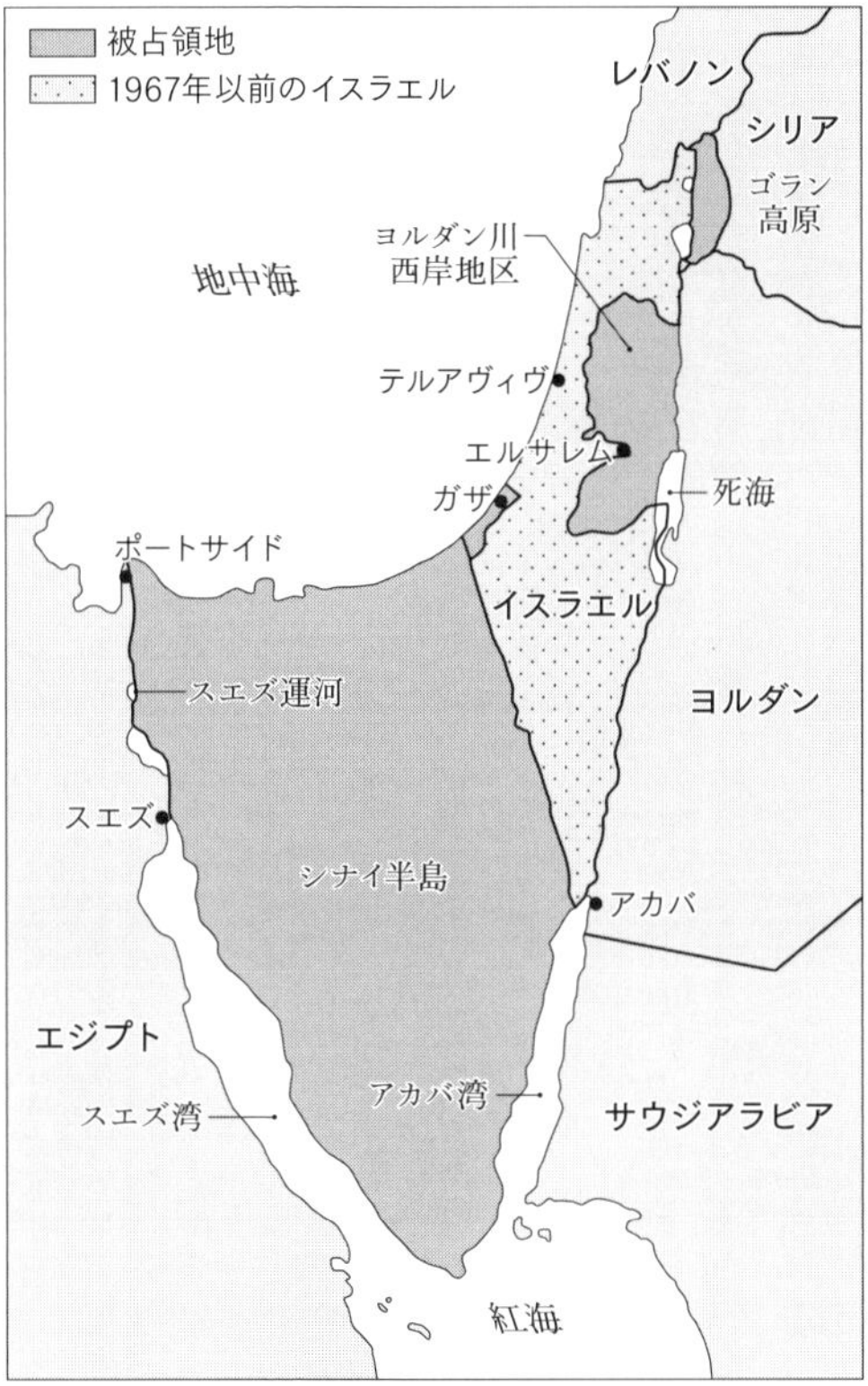


出典：Wm. Roger Louis and Avi Shlaim (eds.), *The 1967 Arab-Israeli War: Origins and Consequences* (Cambridge: Cambridge University Press, 2012), p. xvi を基に筆者作成

他方、この国際会議では、ビアフラ戦争での文民被害などの問題はまったく取り上げられなかった。[*69]この国際会議に参加した第三世界の国々は、すべての紛争や人権問題に関心があったわけではない。そこには彼らの政治的利害に沿った選択があった。

## 人権委員会と親イスラエル国との対立

テヘラン会議の結果は、いくつかの国連決議に反映された。たとえば、一九六八年一二月一九日、総会決議二四四三（XXIII）が採択され、第三次中東戦争の被占領地について三ヵ国からなる特別調査委員会を設置することが決定した。[*70]さらに、翌年三月には、人権委員会がこの問題について専門家による特別作業部会を設置した。[*71]

この特別作業部会は、セネガル、オーストリア、インド、ユーゴスラビア、ペルー、タンザニアなどの外交官や国際法の専門家から構成された。彼らは、すでに一九六七年三月に国連人権委員会の作業部会で、アパルトヘイトを中心とした南部アフリカの人権問題について調査した経験があった。[*72]当時、アパルトヘイト体制の問題は、パレスチナ問題と並び、国連総会および人権委員会において頻出するテーマだった。

一九七〇年一月、特別作業部会による報告書が発表された。作業部会の目的は、一九四九年のジュネーブ諸条約が被占領地に適用可能なのかどうか、また、その第四条約に規定された文民保護がイスラエルによって遵守されているかどうかの検討だった。そこで専門家チームは、関連文書の分析に加えて、ヨルダンなどにある難民キャンプを訪問するなど、関係各地で総計一〇三人からの聞き取り調査を実施した。[73]

報告書の結論は、被占領地には一九四九年のジュネーブ諸条約が適用され、そして、その第四条約違反の事実が存在する、というものであった。[74] ただし、特別作業部会は、法的な解釈を確定する立場にはなく、本報告書の結論はあくまで意見にすぎないとされた。

イスラエルは、この特別作業部会による調査の正当性を否定した。彼らは、人権委員会の決定が委員会内のアラブ諸国ならびに親アラブ諸国による組織票に基づき、反イスラエルのプロパガンダのためのものであると主張し、調査への協力を拒否した。[75]

また一九七一年、イスラエル政府は、第四条約の適用可能性について、当面の間、回答を保留するとした。[76] 被占領地へのジュネーブ諸条約の適用は、定まっていないはずの領土範囲の確定を意味する。すなわち、エジプトやヨルダンなどが同地域の主権を保持していると認めることになりかねないためであった。[77]

これ以後、人権委員会はイスラエルによる占領地の問題を何度も取り上げたが、イスラエルやアメリカなどの親イスラエルの国々は、その都度、人権委員会の問題設定が反イスラエル主義のプロパガンダであると訴えてきた。[78] たしかにイスラエルによる人道法違反は大きな問題であったが、人権委員会がアパルトヘイトやパレスチナ以外の人権侵害の事例を十分に取り上げてこなかったことも大きな問題だった。

## 一九八〇年代の人権委員会――ソ連のアフガニスタン侵攻問題

とはいえ、人権委員会が取り組んだ問題は、もちろん、第三次中東戦争以外にもいくつかあった。先に取り上げたエルサルバドル紛争もそのひとつである。一九八〇年、国連総会でエルサルバドルでの人権侵害が問題となり、人権委員会に調査を求めた。そして、人権委員会はこの問題について、スペインの法学者ホセ・アントニオ・パストール・リドルエホを特別代表に指名し、事実調査を行った。[*79]

まず、彼はエルサルバドルで政権関係者を中心に聞き取りを行った。また、メキシコやアメリカで、人権侵害を調査しているNGO関係者らにも面会した。[*80] そして一九八二年、人権状況についての報告書を提出した。その後も特別代表の任期が延長され、定期的に聞き取り調査に基づく報告書が提出された。

一九八七年の国連総会に提出された報告書では、エルサルバドル軍の爆撃による文民被害など、国際人道法（特に一九七七年の追加議定書）に違反する可能性のある行為が行われた事実が公表された。[*81] こうした特別代表の事実調査は、前節で取り上げたNGOネットワークの情報に大きく依存していた。

エルサルバドル紛争のほかにも、ソ連による一九七九年のアフガニスタン侵攻に際しても、国連人権委員会は調査活動を展開した。ソ連による侵攻から四年ほどが経過した頃、ソ連は、反政府勢力を支援していると思われる村落に対して、空爆を強化した。これによって、反政府勢力を排除する作戦に出たのである。[*82] その結果、犠牲者数が急増すると、一九八四年三月、ついに経済社会理事会で、アフガニスタンの人権状況に関する特別報告者の指名勧告がなされ、人道法違反の公開の事実調査が開始された。[*83]

この時期、国連人権委員会で、東側諸国の人権状況に関する調査や批判が少ないこと（特に一九八一年に戒厳令が敷かれたポーランドについて十分な調査が行われなかったこと）が問題視されており、[*84]アフガニスタンでの事実調査は、こうした国連の傾向と異なる貴重な事例となった。

翌一九八五年二月、アフガニスタンの人権状況報告書が発表された。特別報告者は、オーストリアの人権の専門家フェリックス・エルマコーラだった。彼はアフガニスタンの人権状況について、関係組織および関係者に聞き取り調査を行い、情報を収集した。現地調査を行うため、アフガニスタン政府に協力を要請したが、彼らは人権状況に問題はないとして協力を拒否した。アフガニスタン政府、さらにソ連も、国連人権委員会による事実調査は内政干渉にあたると主張した。[*85]そのため、アフガニスタンでの現地調査はできなかったが、その代わり、パキスタンで調査を行い、必要な情報を収集した。

報告書は、結論として、この紛争では捕虜の虐待、女性や子どもに対する意図的な攻撃、文民への空爆や虐殺、毒ガスの使用、さらに報復ならびにテロが行われており、それらは国際人道法の違反行為である、と指摘した。[*86]この一九八五年の報告書以降、毎年、アフガニスタン戦争に関する事実調査報告書が発表され、調査活動はソ連撤退後も続くことになる。

## 一九九三年、国連人権高等弁務官の設置

人権委員会とともに、戦争での人道法違反の監視を行ってきたのが、国連人権高等弁務官事務所（ＯＨＣＨＲ）である。

国連人権高等弁務官は、一九九三年六月、世界人権会議で採択された「ウィーン宣言及び行動計画」で設置が勧告され、その後、様々なＮＧＯやアメリカ政府の働きかけを経て、同年一二月、国連総会決議四八／一四一により創設された。[*87] これに伴い、国連人権高等弁務官を長とするＯＨＣＨＲが設立された。

人権に関する高等弁務官の設置のアイデアは、実のところ、第二次世界大戦直後から存在した。しかし、実現には非常に長い時間がかかった。まず一九四七年、世界人権宣言の起草者のひとりがこれを提案したが、実現には至らなかった。さらに一九六〇年代、ＮＧＯが高等弁務官の設置を呼び掛け、人権委員会で議論になったが、やはりここでも実現しなかった。そして、一九九三年の世界人権会議のウィーン宣言であらためて設置が提案され、国連総会決議によって実現したのである。[*88]

ＯＨＣＨＲは、国連人権委員会に加えて、人権委員会によって任命された特別報告者や作業部会を支援する役割を担った。また、ＯＨＣＨＲは人権理事会や国連総会に活動報告書を提出することが義務付けられており、世界各地の人権状況について調査報告を行ってきた。

次章以降で見る戦争データ生成の事例では、必ずと言っていいほど、ＯＨＣＨＲが登場する。ＯＨＣＨＲは、交渉や対話によって人権侵害（および人道法違反）を止めることが期待されている。それと同時に、必要に応じて人権侵害（および人道法違反）を行った国に公に抗議することも望ま

れている。[89]

## 人権理事会への改組と国際刑事裁判所の設立

話をもう一度、人権委員会に戻す。二〇〇〇年代に入り、人権委員会による調査がパレスチナなど、特定の地域や問題に偏っているという批判が大きくなると、人権委員会は人権理事会に改組されることになった。二〇〇四年、「より安全な世界：私たちに共通の責任」報告書において国連改革が提言され、国連人権委員会も改革が必要であるとされたのだ。二〇〇五年、アナン事務総長は演説のなかで、人権委員会を以下のように批判している。

人権委員会の課題をこなす能力は、新しいニーズに圧倒され、セッションの政治化と業務の選択性によって損なわれています。委員会への信頼の低下は、国連システム全体の評判に影を落とし、部分的な改革では十分でないところまで来てしまいました。[90]

二〇〇六年三月、総会決議六〇／二五一によって、人権理事会が設立された。人権理事会は、その機能や権限のほとんどを人権委員会から継承したが、新たに国連の全加盟国の人権記録を四年ごとに審査する「普遍的・定期的レビュー（Universal Periodic Review）」を行うことができるようになった。この理事会は四七ヵ国から構成され、その構成国は国連総会での秘密投票によって選出される。理事国は、各地域から一定数を選出する決まりとなっており、アフリカ・グループ、アジア・

グループ、ラテンアメリカとカリブ海域、東欧、西欧およびその他といった具合に分かれている。

このように、国連による国際人道法の履行監視では、主に人権委員会（理事会）やOHCHRといった人権関連組織が活動を展開したが、一九九〇年代、そのネットワークに加わったのが国際刑事裁判所である。

国際刑事裁判の事例としては、第二次世界大戦後に行われたニュルンベルク国際軍事裁判や極東国際軍事裁判（東京裁判）があった。これらの裁判では、戦勝国が取り決めた国際軍事裁判所憲章、ならびに極東国際軍事裁判所憲章に基づき、戦時中の文民の殺害や虐待などが犯罪として裁かれた。[*91]これらの裁判は、主に収集された文書による証拠をもとに進められた。また、ニュルンベルク裁判では、ユダヤ人の虐殺に関する生存者の証言も重要な証拠とされた。[*92]

一九九三年には、旧ユーゴスラビアでの紛争を受けて、旧ユーゴスラビア国際刑事裁判所（ICTY）が、九四年には、アフリカのルワンダでの内戦を受けて、ルワンダ国際刑事裁判所（ICTR）が、それぞれ国連の安保理決議に基づき設立された。そのうち、前者のICTYの設立と裁判については、第5、6章で検討する。

二〇〇二年にはローマ規程に基づき、国際刑事裁判所（ICC）が国際犯罪を裁く常設の国際裁判所として設立される。その結果、戦争データは、しばしば関係当事者を「名指しし、批判する」ためだけのものではなくなり、法的責任を追及する根拠という重要な意味を持つことになっていく。

＊

一九四九年に成立したジュネーブ諸条約は、当初、その履行を監視する制度がほぼ存在しなかった。しかし、人権侵害を調査し告発するNGOが登場すると、グローバルなネットワークを形成しながら、人権法とともに国際人道法の違反についても調査、告発するようになった。そうした人道ネットワークが急速に発展したのが一九八〇年代の中南米の紛争だった。本章では、具体的な事例として、エルサルバドル紛争とヒューマンライツウォッチの誕生について述べた。

国連もまた、人権侵害とともに人道法違反を調査する制度的機能を整備した。その機能を担ったのが人権委員会で、その初期の事例が第三次中東戦争に伴う被占領地の問題だった。さらに国連はOHCHRの設立、人権委員会から人権理事会への改組などで、人道法違反を調査する能力を増した。

国際人道法の履行という点から見ると、国際刑事裁判所の設立がきわめて重要な出来事だった。これによって人道法違反の法的責任が法廷で追及されることになったからだ。しかし、そうした仕組みができ上がることで、法的証拠となりえる厳密な戦争データが必要になった。では、そうした厳密な戦争データを誰がどのように生成してきたのか。次章では、この問題について考えてみよう。

# 第4章　死者を数える——戦争のなかの統計

戦争を把握しようとするとき、往々にして死者数が論点になる。死者数が多ければ、その分、戦争の規模が大きく、烈度が高いはずだからだ。「一人の人間の死は悲劇だが、一〇〇万人の死はもはや統計である」[*1]という言葉があるが、統計によって初めて理解できる戦争の性質が存在する。

すでに第1章で、国家が兵士の死をデータとして収集し始めた一九世紀から二〇世紀にかけての展開について論じた。本章は、人道ネットワークが国家に対抗するかたちで死者数データを収集し、統計的な手法で分析したいくつかの事例に着目する。それによって、統計データの性質や、それを生成する人道ネットワークの構造を明らかにする。[*2]

## 1　ベトナム戦争の経験——不明確な数字

### 戦争統計の前史

「統計（statistics）」という言葉は、ラテン語の status に起源をもつ。統計の歴史を著したオリヴィエ・レイによれば、この status という言葉は「位置、状況という意味のほかに、政府の形態を指すこともあった。また、status には「目録」という意味もあり、そこには「(不動産の)見取り図」も含まれた。[*3]」それがドイツ語で国家の統治状況を包括的に描写するStatistikという言葉につながり、statistics(英語)やstatistique(フランス語)になった。そして、それらがのちに「数字によって国家や社会の性質を捉える手法」という意味を持つ語となる。[*4] 本章は、統計という言葉をこの「数字によって国家や社会の性質を捉える手法」という意味で使う。

ヨーロッパで統計分析の考え方が普及したのは、一九世紀だった。一九世紀初頭、プロイセン、イギリス、フランスといった国々で、統計を扱う部署が公の機関として設置された。また、統計を研究する学会も各地でつくられ、市民の間で統計の思想が広まった。その結果、人口、貧困、保健衛生などの領域で、様々な統計データが生成された。[*5]

本書が注目する戦争についての統計は、保健衛生の発展と密接に関係する。よく知られているように、フローレンス・ナイチンゲールは、自ら従軍したクリミア戦争(一八五三〜五六年)について、イギリス兵の死亡と病院の衛生状態についての関係を統計的に分析した。この戦争では、フランス、オスマン帝国、イギリスを中心とした同盟軍およびサルデーニャ王国とロシアが戦い、それぞれの軍隊に大きな被害をもたらした。

しかし、大きな被害の原因は、単に戦闘の烈度だけでなく、医療制度や衛生管理の不備によるところが大きかった。[*6] ナイチンゲールは、イギリス軍の資料を統計的に分析することで、その実態を明らかにした。彼女には統計をはじめとした数学の素養があった。さらに、イギリスの人口登録局で活躍した疫学者ウィリアム・ファーも、彼女の調査に協力したとされる。[*7]

戦争被害の統計データの収集が実践として大きく発展したのは、第一次世界大戦においてである。第1章で述べたように、欧州各国は、第一次世界大戦ですべての兵士の死をデータとして収集しようとした。このデータ収集の試みは困難を極めたが、国家が戦死者数を統計的に把握する時代が訪れたのである。

では、文民の死者はどう扱われたのか。第一次世界大戦では、文民の死者はほぼ顧みられていない。第2章で論じたように、文民保護の規範は、一九四九年のジュネーブ諸条約の第四条約で明文化され、国際規範としての地位を獲得した。しかし、これによって文民の死者をデータとして収集、公表するシステムが国際制度化されることはなかった。重要な例外のひとつがニュルンベルク国際軍事裁判で、その過程で文民被害者も含めたユダヤ系の人々の死亡者数が議論の俎上に上った。[*8]

第3章で明らかにしたように、文民被害のデータをNGOや国際組織などの人道ネットワークが収集、公表し始めたのは一九七〇年代以降である。そして、本格的な統計分析によって、文民を含む戦争被害全体を把握しようとする試みは、さらにその後になる。

## ベトナム戦争——地理的な指標がない戦い

文民被害の統計的分析の始まりを見る前に、ベトナム戦争の事例に触れておかねばならない。この戦争で、アメリカ軍は統計によって戦況を把握し、適切な戦略を立案しようとした。しかし、彼らが収集した統計データには不備が多く、戦況を把握することに失敗した。それどころか、膨大な文民被害を出すことにつながった。いったい何があったのか。

ベトナム戦争は、第二次世界大戦後、ベトナムがフランスの植民地支配から脱する闘争として始まった。その過程でベトナムは南北に分裂し、北はホー・チ・ミン率いる共産主義政権に、南はフランスの植民地となった。北ベトナムは、南ベトナムの脱植民地化闘争の支援を開始し、フランスを撤退に追い込んだ。

ところが、今度はベトナム（ならびにその周辺国）の共産主義化を危惧したアメリカが、南ベトナムを軍事支援し、紛争に介入する。南ベトナムへの軍事支援が限界を見せると、一九六〇年代半ばには、本格的に軍事介入し、泥沼の戦争に陥った。

アメリカ軍にとって、ベトナム戦争は消耗戦だった。[*9] すなわち、戦争の進捗を測るうえで、地理的な指標が役に立たない戦争である。敵の支配地域を奪う戦争であれば、地理的な拡大が目標になるが、ベトナム戦争は必ずしもそうではなかった。そこでは軍隊と軍隊が真正面から衝突するのではなく、正規の軍隊とゲリラが対決した。

アメリカ軍は不慣れなベトナムの地で神出鬼没のゲリラの奇襲攻撃に苦しめられながら、どれだけゲリラの勢力を削ることができたかを進捗の指標とした。多くの村落がゲリラを支援しており、ゲリラにはアメリカ軍の情報や食料などが提供された。それゆえ、アメリカ軍はゲリラとの戦闘だけでなく、ゲリラを支える社会構造とも向き合わねばならなかった。そこで展開されたのが「対反乱活動（counter-insurgency）」だった。

対反乱活動は本来、ゲリラを物理的に攻撃する軍事作戦と、ゲリラと市民を分断するための政治・経済政策の両方を重視する。すなわち、軍事力でゲリラの勢力を弱めつつ、より豊かな生活を市民に提供し、それによって現地社会でのゲリラの正当性を低くするのである。しかし、このとき、アメリカ軍は政治・経済政策よりも、軍事作戦に重きを置いた。その代表的作戦が「索敵殲滅作戦（search-and-destroy mission）」だった（一九六八年には、この名前の印象や評判が悪いことから、「掃討作戦〈sweeping operations〉」と呼び替えられた）[*10]。これは文字通り、ゲリラを片端から殺害しようとする作戦である。

### 指標としてのボディカウント

そこで軍事作戦の重要な指標として利用されたのが、敵や味方の遺体の数を数える「ボディカウント」だった[*11]。この「ボディカウント」という言葉は、当時のアメリカ軍によって公式に使用された[*12]。これは、より多くの敵兵を殺害すれば、その分、敵の軍事力が低下し、最終的に北ベトナムと有利な和平交渉につながるであろう、という仮説に基づく指標だった[*13]。

一九六四年からベトナム派遣軍司令官を務めたウィリアム・ウェストモーランドは、次のように語っている。「たしかに統計は、〔戦争の〕進捗について不完全な指針である。しかし、これまでの前線というものが存在しない以上、他にどうやって進捗を測ればいいというのか[*14]。」

アメリカ軍にとって、ボディカウントは数少ない明確で利用可能な統計データだった。

ウェストモーランドは、一九六八年の報告書のなかで次のデータを提示し、その分析を披露している。

4-1 同盟軍の死者一人当たりの敵兵の死亡比率

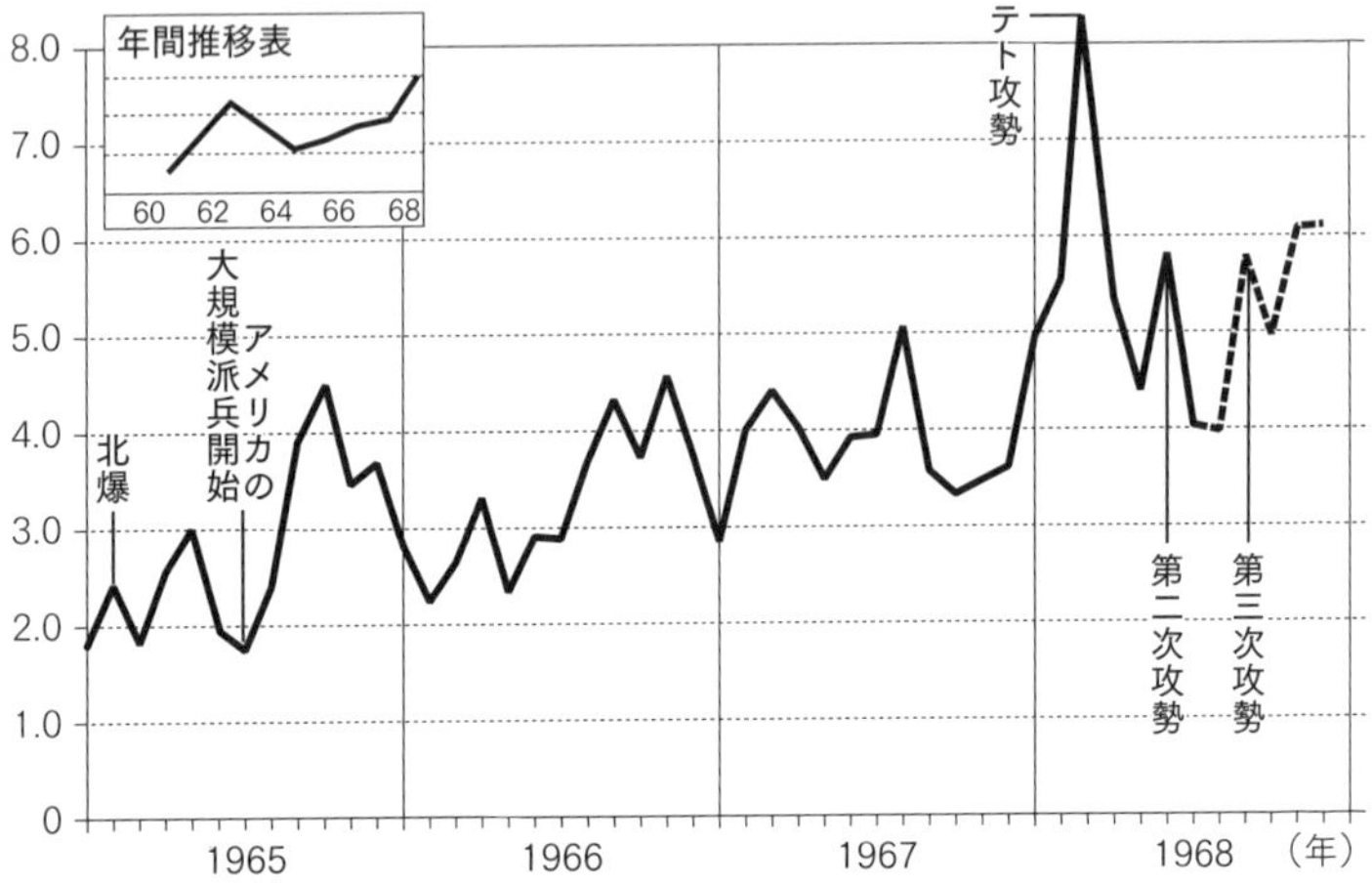


出典：W. C. Westmoreland, and U. S. G. Sharp, *Report on the War in Vietnam, as of 30 June 1968* (Washington, D.C.: U.S. Government Printing Office, 1968), p. 190の図を基に筆者作成

グラフによれば、同盟軍の死者一人当たりの敵兵の死亡比率が、全般に上昇傾向にある。〔中略〕その傾向は明らかに上昇しており、現時点で同盟軍の兵士一人につき、敵兵六人の殺害という割合にまで到達した。純粋に軍事的観点から見ると、この傾向が示すのは、アメリカ軍投入のインパクト、全同盟軍のパフォーマンスの着実な向上、さらには敵兵の戦場でのパフォーマンスの着実な減退である。[*15]

ここで示しているのは、アメリカ軍を含む、同盟軍の兵士が一人死亡したときに、北ベトナムの兵士が何人死亡したかの数値であり、その変化から戦況を評価するという状況評価モデルだった。この評価モデルの基本データを提供したのが、ボディカウントだった。この時期に国防長官を務めたロバート・マクナマラもまた、ボディカウントのデータをもとに、同じように戦況を把握しようとした。[16]

さらに、ボディカウントは、進捗状況を測るためだけでなく、軍隊内の競争を促す数値としても利用された。各部隊が高い数値を出せなければ、配置転換していく仕組みが導入され、昇進や特別休暇を得るには高い数値が必要とされた。[17] これが各部隊に高い数値を出すプレッシャーとなった。

戦況を測るためにボディカウントを利用した背景には、一九六〇年代にアメリカの政権や軍で広まっていた数値合理主義のイデオロギーがあった。このイデオロギーの信奉者がマクナマラだった。マクナマラは、あらゆる事象が客観的数値によって計測されることで、正しく分析できると考えていた。彼自身の言葉によれば、「数量化は、世界について考えるさい、正確さを付け加えてくれることばのようなものだ」。[18]

彼はこれまでの経歴を通じて、数値合理主義の実践を積み重ねてきた。ハーバード大学の経営学大学院を出た後、一九四〇年から同大学で助教授を務めたが、第二次世界大戦の勃発に伴い、陸軍の統計管理計画に従事した。戦後はフォード社に入り、社長を務めた。そして、一九六一年にはJ・F・ケネディのもとで国防長官に就任し、ペンタゴンの改革を実施した。[19]

マクナマラの数値合理主義イデオロギーは、ランド研究所の方針とも強く共鳴するものだった。[20] ランド研究所とは、第二次世界大戦後、アメリカ軍の戦略立案および研究を目的に設立されたシンクタンクである。独立した非営利組織ではあるが、ベトナム戦争時には関係者の多くが国防省に入り、多大な影響力を発揮した。[21] この組織もまた、安全保障上の問題を中心に数値合理主義のイデオロギーに基づいて調査と分析を進め、政策の立案に寄与した。

このようにボディカウントのデータが政策や戦略の策定の際に重視されたが、戦場ではボディカウントの数値が水増しされた。その原因は、軍隊内の競争の激化とともに、いくつかの要因が指摘できる。

## 数値の水増し

まず戦場で各部隊には、遺体一つひとつを確認し数える余裕がなく、多くの場合、概算せざるをえなかった。まして空爆の場合には、地上での確認作業はほとんどできず、大よその数字を報告した。さらに各部隊がそれぞれ独立に遺体を数えたため、ひとつの遺体を二重に数えることもあった。[*22]そんな状況下で、軍隊がより高い数字を求める動機を持てば、必然的に水増しの動きにつながる。

データの改竄《かいざん》で何より問題だったのが、武器を持っておらず、戦闘に参加していない文民も「ベトコン」(ゲリラ兵)として数えたことである。[*23]この点について、ベトナム戦争での民間人の被害について分析したニック・タースは、次のように説明する。

彼らは死んだ子供たちをゲリラに〝変身〟させ、さらには軍服を着た敵軍兵士にまで仕立てあげて、軍の統計値発生マシーンにまんまとボディカウントをもぐり込ませたのである。〔中略〕ベトナム人死者をすべて殺害した敵と見なす慣行があまりに広く行き渡ったので、「死体がベトナム人のものなら、それはVC(ベトコン)だ」という言葉が、この戦争の特徴を言いあらわすフレーズとして定着してしまった。[24]

アメリカ軍は、本来殺してはいけないはずの文民を殺害し、ゲリラ兵に仕立てることで、より高い数字を捏造《ねつぞう》した。また、軍隊内では、ベトナム人に対する人種差別が蔓延しており、それも文民の殺害が慣行化する背景となった。[25]

さらに、空爆による死者の分類にも問題があった。アメリカ軍が設定した「自由砲撃地域（free-fire zones）」（一九六五年以降は「特定攻撃地域〈specified strike zones〉」に改名）での攻撃の場合には、そこにいる人間は自動的に兵士と見なされたが、実際には兵士ばかりではなかった。自由砲撃地域の場合、事前に住民に対して空爆の警告を行っており、それをもって民間人は存在しないとした。ところが、様々な理由から移住することを拒否したり、警告の文書を読むことができなかったりした住民が攻撃対象になった。[26]

のちにアメリカ連邦議会上院の小委員会は、一九六八年までに三〇万人の非戦闘員が「自由砲撃地域」での攻撃によって死亡したとのデータを報告している。[27]

このようにして、多くの部隊がボディカウントで民間人を戦闘員に偽装し、データを捏造した。その結果、敵兵の死者数の統計データは実態から大きく乖離する。データと実態に大きな乖離があることは、当時からも指摘があった。

アメリカ軍の公式歴史記録によれば、軍の内部でも、南ベトナム軍事援助司令部の統計が敵兵の人数を過小に、敵兵の死者数を過大に見積もっているとする批判が継続的に寄せられたという。[28] ベトナム戦争で統計データの分析を指揮したトマス・セイヤーも、自著のなかで「ハノイ〔北ベトナム〕を含め、何人の共産主義兵士が死亡したかを、実際に誰かが把握しているとは考えにくい。」[*29]そして、「共産主義兵士の死者数の概算の妥当性については、かなりの力を尽くしてチェックしたが、その結論は確固としたものではなかった」[*30]と述べている。このように敵兵の死者数は、政策決定者の期待とは裏腹にきわめて不確かなデータだった。

### 文民保護規範からの逸脱

ベトナム戦争ではデータ収集においてボディカウントが重視されたが、データの改竄からもわかるように、文民被害への関心は低かった。そもそもボディカウントに文民というカテゴリーが実質存在しなかった。

もちろん、一九六〇年代当時、国際法上は文民保護規範が存在した。第2章で論じたように、一九四九年のジュネーブ諸条約には文民保護がはっきりと規定されている。しかもアメリカ軍は、表向きにはジュネーブ諸条約を受容していた。

実際、アメリカ兵はベトナムに到着すると交戦規則を書いた二枚のポケットカードを渡された。ひとつには「九つの規則（Nine Rule）」と書かれ、もうひとつには「敵兵を捕まえたら（The Enemy in Your Hands）」というタイトルが付いていた。前者は、アメリカ軍がベトナム市民に敵対してはならず、彼らの反感を買わないようにせよ、という内容が記されていた。後者には、ジュネーブ諸条約に定められた捕虜の取り扱いが簡単に記されていた。[*31]だが、こうした規定は、現場ではしばししば無視された。[*32]

国際法の規定とは別に、アメリカ軍の一九六二年版の『作戦原則』（Field Service Regulations - Operations, FM100-5）でも、こうしたゲリラ戦の場合、現地の民間人からの支持が軍事戦略の観点から重要であると説明された。[*33] ゲリラを支えるのは現地の市民である以上、非正規戦では、市民の支持を政治・経済的な政策（つまり、より豊かな生活の提供）を通じて獲得しなければならない。それゆえ、むやみに現地の民間人を殺害することは、戦略的観点からも大きな問題だった。

また、「ペンタゴン・ペーパーズ」（一九六六年からマクナマラの指揮によって、一部の研究者グループを中心に作成されたベトナム戦争の分析記録）によれば、当時も空爆を通じて民間人を大量に虐殺することが、アメリカ国内ならびに国際社会でのアメリカのイメージに大きな傷をつける可能性があると危惧された。[*34] だが、実際の戦場では、大規模な空爆や無差別の銃撃によって、多くの民間人が殺害された。もちろん、文民の死亡原因はアメリカ軍による軍事行動だけではなく、南ベトナム解放民族戦線の側にもあったが。

では、実際に何人の文民がベトナム戦争によって死亡したのか。アメリカ軍でデータ分析を指揮したトマス・セイヤーは、文民被害のデータはアメリカ軍の統計には存在しない、と述べている。[*35] アメリカ軍のボディカウントでは、文民というカテゴリーが存在しなかった。利用可能なデータをもとに、文民被害を推測したギュンター・レヴィは、文民の死者数は少なくとも四〇万～六〇万人ではないか、と主張する。[*36] 一方、ベトナム政府は、全体で二〇〇万人の文民が死亡したとする。[*37]

アメリカ軍の軍事行動に伴う文民の死亡は、軍のなかで問題にならなかったのか。『ニューヨーク・タイムズ』の記者だったニール・シーハンが、司令官のウェストモーランドに「集中攻撃と爆撃によって多数の一般市民死傷者が出ていることに不安はないか」と尋ねたところ、彼は「もちろん問題だよ、ニール……だが、住民から敵を取り除いているのも事実だ。そうじゃないかね？」と答えた。[*38]

当時、文民の虐殺は、シーモア・ハーシュなど、多くのジャーナリストや内部告発者の努力によって、異常なほどゆっくりとではあったが、社会的な問題になりつつあった。なかでも、ソンミ村での虐殺事件は大きな衝撃をもたらす。これは一九六八年にアメリカ兵がベトナムのソンミ村で、武器を持たない無抵抗のベトナム人住民を数百人余り虐殺した事件で、被害者の大半は子ども、女性、高齢者だった。[*39]

## 2 グアテマラ内戦の画期――死者の推算

### グアテマラ内戦

アメリカがベトナムで行った対反乱活動は、軍事支援を通じて中南米の内戦に輸出され、多くの民間人の虐殺につながった。その代表例のひとつが、中央アメリカに位置するグアテマラの内戦だった。ただし、この内戦ではベトナム戦争と異なり、虐殺の犠牲者数が統計分析によって科学的に調査されている。この統計調査は、その後の様々な内戦での統計分析の礎となる。

グアテマラの内戦は一九六〇年頃に始まった。当初、政府による抑圧と反対運動は小規模だったが、軍事政権の誕生、その後の左翼ゲリラ組織の結成によって、紛争は激化した。都市部で政府軍などによる激しい弾圧が展開されると、ゲリラは勢力を失い、地方の共同体に拠点を移した。

一九七八年にロメロ・ルカス・ガルシア将軍が大統領に就任すると、大規模な軍事作戦「灰」が実行された。これによって、南部や西部の村落が徹底的に破壊された。一九八二年、軍部のクーデタでリオス・モントが大統領になり、市民への攻撃はますます激しくなった。この紛争は最終的に一九九六年まで続くが、虐殺の件数がもっとも多かったのが、一九七八〜八三年の時期だったとされる。[*40]

後述するグアテマラ内戦の真相究明委員会（CEH）の報告書によれば、一九六〇年から九六年の間に犠牲になった人数は、およそ二〇万人と推定された。[*41] 攻撃は兵士／文民などの区別なく行われたことから、犠牲者には女性や子どもが数多く含まれた。また、記録された犠牲者の八三％がマヤ民族の人々で、人種主義に基づく偏りがあった。[*42]

グアテマラ内戦では、第3章で触れたエルサルバドル内戦と同様、非常に残虐な人権侵害が無数に発生した。軍はただ単に人を殺すのではなく、時に公衆の面前で拷問し、遺体をさらした。そうした残虐な対反乱活動に、市民らは自警団というかたちで無理やり協力させられた。市民が市民を手にかける構造が社会を分断し、トラウマを残した。[*43] この対反乱活動を技術的に支援したのがアメリカだった。アメリカは大規模な軍事援助を通じて、グアテマラの諜報機関を強化し、将校らを訓練していた。[*44]

グアテマラ内戦の場合、ゲリラ側に比べて、政府および軍が圧倒的に強かった。それゆえ、紛争を通じて、マスメディアもすべて政府および軍の管理下に置かれ、虐殺の報道を行う自由はほぼ消滅した。その結果、虐殺の事実そのものが闇に葬られる例が少なからずあった。死者は自ら語ることができない。語ることができるのは、殺害された者の遺族や友人たち、あるいは虐殺を何とか生き延びた者たちだった。こうした残された人々が身を寄せ合うようにいくつかの人権団体を組織し、この世界から葬られかけた虐殺の事実を収集していった。

一九九三年には、こうした組織のいくつかが集まって国民人権調整委員会を結成し、一九九六年には失踪や虐殺の情報を共有することで合意する。共有された情報は、人権調査国際センター（CIIDH）に送られ、包括的なデータベースを形成した。CIIDHでデータベースの設計を担当したのは、アメリカ人のパトリック・ボールだった。[*45] 彼こそ、のちに紛争の犠牲者数を統計学的に分析する専門家ネットワークの中心人物である。

### 統計データの生成へ

実は、統計学と人権問題が結びついたのは、これが最初ではない。一九七七年、アメリカ統計協会（The American Statistical Association）の一員だったアルゼンチンの統計学者カルロス・ノリエガが、公的な統計データの改竄を軍事政権に求められ、拒否したことから拘束され、それが統計協会で大きな問題となった。

これをきっかけに、アメリカ統計協会は世界各地で拘束された科学者の解放を求めるとともに、統計学が人権侵害の問題にどのように取り組むべきかを積極的に議論し始めた。[*46] そして、その成果を『人権と統計』（一九九二年）として発表する。[*47]

本格的に戦争被害に統計学が応用されたのが、グアテマラ内戦だった。

では、グアテマラ内戦の犠牲者数のデータは、どのようにつくられたのか。統計データをつくるには、何より生存者の目撃証言を集めなければならない。グアテマラでは、CIIDHをはじめとするいくつかの組織が、それぞれ独立に調査チームを各地に派遣し、生存者に聞き取り調査を行った。量的な社会調査では、各自が好き勝手に質問してよいわけでなく、共通の質問に基づく聞き取りを行う。すなわち、構造化されたインタビューを必要とする。[*48]

統計データの設計は、こうしたインタビューの構造をつくることから始まる。集められた証言から事実を整理するが、当然、ひとつの事件を複数の生存者が異なるかたちで証言する場合もある。グアテマラの調査団体は、それらを丁寧に分類し一件ずつまとめ、データ化していった。

ところが、こうして生成されたデータには、ひとつ重大な限界があった。それは証言や報告をされなかった虐殺が、意図せず除外されてしまうことだ。政府および軍が圧倒的に強い状況では、虐殺を隠匿するのは容易だ。そうなると、虐殺の規模が把握できないことになってしまう。そこで、誰も気が付いていない死者を数える手法が必要となった。パトリック・ボールは、シカゴ大学の統計学者フリッツ・シューレンに助けを求めた。

### 多重システム推算法の導入

シューレンが提案したのが、「多重システム推算法（Multiple Systems Estimation：MSE）」だった。ＭＳＥとは、捕獲再捕獲法（あるいは標識再捕獲法）という動物の個体数調査の手法を人間に応用した計算方法である。ここでは計算方法の詳細には立ち入らず、大まかな考え方のみを説明する。

たとえば、ある池に魚が一定数いるとして、それがいったい何匹なのか知りたいとする。捕獲再捕獲法では、魚をつかまえて標識をつけ、池に戻す。その後、また池で魚をつかまえて、つかまえた魚に標識の付いた魚が何匹いたのかを数える。これを何回か繰り返してデータを集め、そのデータを基に魚の総数を推定する。もし池の魚が少なければ、標識付きの魚を再度捕獲する確率は高くなり、多ければ低くなる。それゆえ、捕獲を繰り返すことで、標識付きの魚を捕獲する確率を割り出し、その確率から魚の総数を推算することができる、というわけである。

では、紛争地での死者数にこれをどう応用するのか。ある紛争地で、いくつかのＮＧＯが紛争の死亡者リストを各々独立に作成したとする。リストは魚でいうところの捕獲だと考える。複数のリストが独立して作成されたならば、それらは捕獲を繰り返したのと同じと解釈できる。いずれかのＮＧＯに死亡が報告された者もいれば、身内などがいないか、あるいは家族全員が死亡したなどの理由で、報告されない死亡者も存在するであろう。もしくは、たまたま調査チームが証言者を見つけられなかった事例もあるだろう。そこでこれらのリストを比較し、リスト間で重複している人々を数え上げる。重複している人々は、いわば魚でいうところの標識が付いた存在になる。そして、それらのデータを基に全体の人数を推算する。後は、そのリストの偏りなどを計算し、標準誤差を導き出せば、データの完成である。これがＭＳＥの基本的な考え方である。[*49]

グアテマラ内戦では、先に紹介したCIIDHの犠牲者リストに加えて、グアテマラ内戦の真相究明委員会（CEH）と、「歴史的記憶の回復プロジェクト」（REMHI）のリストが存在した。そして、それらのリストは、それぞれ独立に調査したものだった。これによって、MSEという統計分析が可能になったのである。

CEHは、一九九四年六月二三日にグアテマラ政府とグアテマラ民族革命連合が署名したオスロ合意に基づき、設置された組織である。CEHはグアテマラ内戦で、どのような人権侵害が行われたのか、その事実を解明することを活動内容とした。ただし、政治的な妥協の結果として、法的な責任の所在は問わないことが定められた。CEHは国連の支援を受けて調査を実施し、一九九九年に一二巻からなる報告書を公表した。[*50]

対して、REMHIは、カトリック教会が中心となり、草の根で真相を解明しようと、一九九五年に開始されたプロジェクトだった。こちらも大規模な調査を展開し、一九九八年に全四巻の報告書を公表した。[*51]

ボールらは、CIIDH、CEH、REMHIそれぞれのデータを用い、多重システム推算法（MSE）を応用して、紛争犠牲者の総数を推算した。ただし、彼らは一九六〇年からではなく、七八～九六年に期間を絞ってデータ分析を行い、犠牲者の総数を一三万二一七四（標準誤差＝六五六八）と割り出した。[*52] そのうち、グアテマラが国家として行った虐殺が九五・四％で、ゲリラによって実行されたものが四・六％であるとの結論を下した。[*53] また、紛争期間全体では二〇万人という犠牲者数が推算され、CEHの報告書に記載された。

これに対して、まったく反論がなかったわけではない。アルゼンチンの歴史家カルロス・サビノはＣＥＨとＲＥＭＨＩの数値を再検討し、多くの事例が重複し、自然災害などで死亡した事例も含まれているのではないかと疑問を呈した。そして、実際に死亡したのは二〇万人よりもずっと少ない人数だったと主張した。[*54] しかし、その後のグアテマラ内戦の研究において、二〇万人という数字は現在まで覆っていない。

## 3 旧ユーゴスラビア紛争——統計調査と言説の乖離

### スレブレニツァ事件での死者数推算

グアテマラ内戦と同じように、紛争犠牲者の総数が争点となり、統計分析が行われたのが一九九〇年代の旧ユーゴスラビア紛争である。この紛争は、冷戦末期にユーゴスラビアで起きた民主化の動きと、セルビアをはじめ、各地域で台頭した民族主義の動きが衝突することで、大規模な武力衝突に展開した事例だった。

この紛争では、国際刑事裁判所（ＩＣＴＹ）が設立され、紛争関係者が文民の虐殺など、国際法に違反した責任を問われた。旧ユーゴスラビア紛争は、この地域で発生したいくつかの紛争を合わせた総称であるが、ここでは特にボスニア・ヘルツェゴビナで起きた紛争（以下、ボスニア紛争）に焦点を絞る。

ＩＣＴＹの検察局は一九九七年、ボスニア紛争に関する人口調査プロジェクトを開始した。そこで問題になったのが、スレブレニツァ事件だった。この事件は、一九九五年七月にボスニア・ヘルツェゴビナ東部の町スレブレニツァで起きた虐殺事件である。[*55]スレブレニツァは、主にムスリム系住民が居住していた地域で、その周囲をセルビア系の人々が多く住む地域に囲まれていた。一時はセルビア系住民の居住地域を攻撃する拠点にもなったが、セルビア系の勢力が優勢になると、スレブレニツァは最終的に集中攻撃の対象となった。スレブレニツァは国連の安保理決議によって安全地帯とされたが、[*56]国連保護軍（UNPROFOR）が守りきれず、そこに住んでいた、また周囲から流入してきたムスリム系住民および捕虜が一方的に殺害された。この事件が西側メディアで報道されると、国連PKOの無力さや、セルビア系軍事勢力の残虐さなどが国際的に大きな問題となり、ボスニア紛争への介入の気運が高まった。

4-2　ボスニア・ヘルツェゴビナ全体図（1994年末）

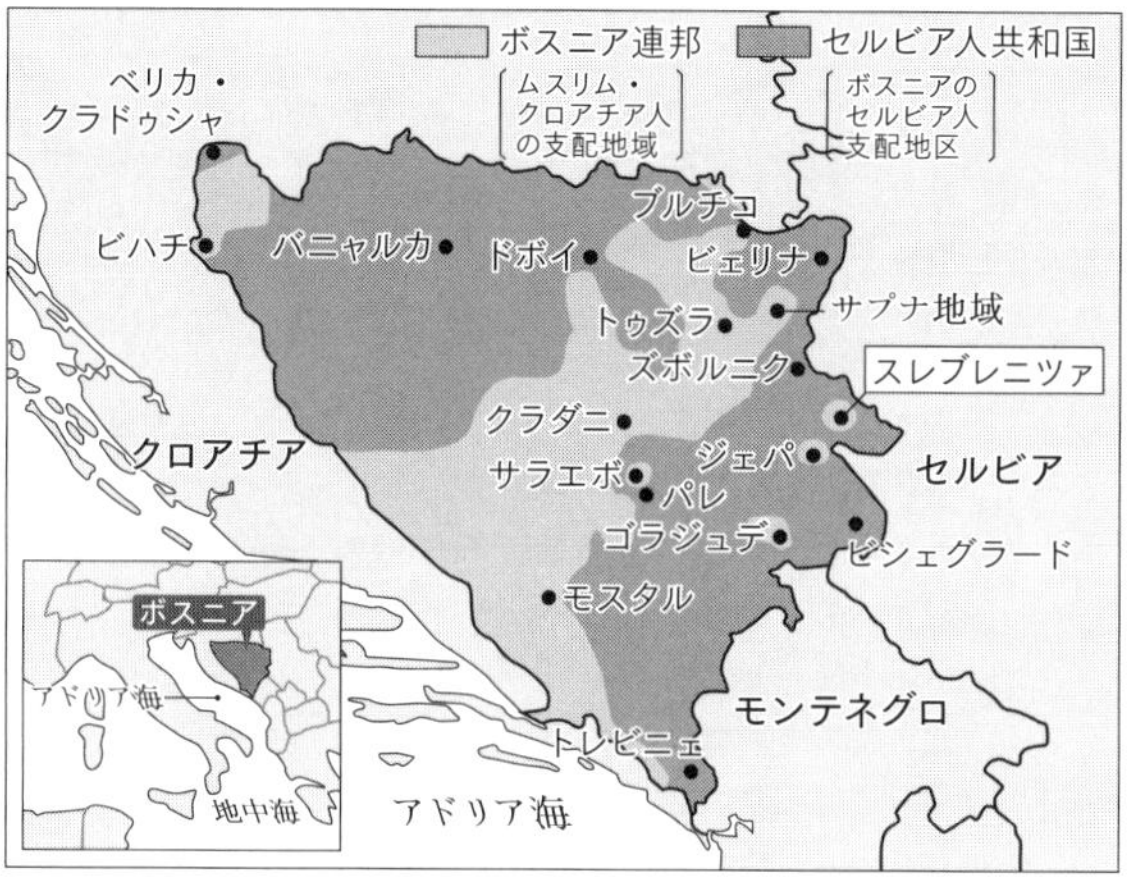

出典：長有紀枝『スレブレニツァ――あるジェノサイドをめぐる考察』（東信堂、2009年）、80頁

　それゆえ、ICTYでもこのスレブレニツァ事件、およびその犠牲者数が重要な争点となった。スレブレニツァ事件の死者数推算を担当したのが、

ノルウェーの人口学者ヘルゲ・ブルンボルグをはじめとする人口学の専門家だった。

ブルンボルグらの調査チームは、スレブレニツァの死者数を推算するために、いくつかのデータセットを利用した。まず、失踪者・死亡者リストで、ひとつは赤十字国際委員会（ICRC）が作成したもの、もうひとつがアメリカに拠点を置く国際NGO「人権のための医師団（PHR）」が作成したものだった。PHRは、一九八六年に中南米などでの人権問題に取り組んでいたアメリカの医師らを中心に結成された組織である。

ICRCは、この紛争で失踪者の調査活動を展開した。[*57] 国際人道法上、紛争に関わる失踪者については、紛争当事者がその安否に関する情報を提供する義務がある。ICRCはそれについて調査することが認められている。ICRCは調査の際、失踪者について氏名や住所だけでなく、服装や身体的特徴など、様々な情報を収集した。そうすることで、発見された遺体の情報と照らし合わせることが可能になった。こうして個人情報を基にした膨大なデータベースがつくられた。

他方、PHRは、遺体の身元や死因の調査を法医学的分析に基づき展開した（第5章参照）。そして、その活動を通じて、失踪者ならびに死者に関するデータベースを生成した。

調査チームは、これら二種類のデータに加え、紛争後に実施された選挙での有権者リストを用いて生存者を確認し、それらを失踪者・死亡者リストから省いた。本当に存在する人物かどうかを確かめるために、戦前の人口調査記録も使用した。そしてMSEの手法に則り、これらのリストに共通に記載されている人間を数え上げ、死者数を推算した。[*58]

## 法廷証拠、DNA検査による改訂

調査チームの推算が、実際に法廷で証拠として用いられたのが、ラディスラブ・クルスティチの第一審の裁判だった。彼はスレブレニツァで虐殺を実行したとされる、セルビア系の軍事勢力のスルプスカ共和国（セルビア人共和国）軍に属するドリナ軍団の司令官だった。

二〇〇〇年六月、ブルンボルグは裁判でこの推算について証言し、少なくとも七四七五人がスレブレニツァの虐殺で死亡したとの計算結果を報告した[*59]（ただし、その数字のなかには戦闘による死者や病死、自殺者など、あらゆる死亡者が含まれる）。そして、ICTYは二〇〇一年に出した第一審判決のなかで、殺害された人数を推定するうえで、生存者の証言と法医学データとともに、この統計データを重要な証拠のひとつと見なした。[*60]

二〇〇〇年以降も、ボスニア紛争に関する人口調査チームの活動は続き、たびたび、死者数データの改訂が行われた。[*61] この改訂の過程で重要な役割を果たしたのが、身元調査のためのDNA検査である。犠牲者数に比例して、DNA検査数も非常に膨大な数となったが、それを担当したのが「国際行方不明者委員会（ICMP）」だった。

ICMPは、一九九六年のG7サミットの際にアメリカのクリントン大統領のイニシアティブのもと、旧ユーゴスラビア紛争での失踪者の身元調査を行うことを目的に、サラエボで設立された国際組織である。[*62] ICMPは、法医学調査業務の一部を担ったNGOのPHRと契約し、本格的にDNA検査を導入し、これによって遺体の個体識別と身元調査が一気に進んだ。[*63] なお、ICMPの活動については、第5章であらためて論じる。

スレブレニツァ事件をはじめとする犠牲者数のデータは、ラドバン・カラジッチの第一審の裁判でも利用された。

カラジッチはスルプスカ共和国の初代大統領にして、スレブレニツァで虐殺を実行したとされるスルプスカ共和国軍の最高司令官だった。カラジッチ裁判では、オランダの人口学者で、二〇〇〇から一一年までICTY検察局の人口調査チームのリーダーだったエヴァ・タボが証人として立った。そして、スレブレニツァをはじめ三つの事例について、人口学的分析を披露した。タボらの二〇〇九年の報告書では、スレブレニツァ事件で犠牲になった人数は七九〇五人とされた。先に言及したブルンボルグの報告書からデータは更新されているものの、人数そのものは極端に変わってはいない。この数字は一審の判決で、殺害された人数を推定するうえで信頼できるデータとして言及された。[*64]

## 科学的数字と政治社会的物語

ICTYは、これまでスレブレニツァ事件に限らず、ボスニア・ヘルツェゴビナ紛争で死亡した人数全体を推算してきた。二〇一〇年には、およそ一〇万人もの人々が死亡したとの見解を示し、[*65]そのうち四〇・二%が文民で、五九・八%が戦闘員だとした。[*66]そして、大半の犠牲者がムスリム系住民だとした。

これらの数値はそれまで一般に流布していた二〇万人という数字と大きくかけ離れている。序章で取り上げた一九九〇年代の戦争被害者数の研究でも、二〇万人がもっとも信頼性の高い数字とされたが、より科学的な数字はその半分だったのである。また、犠牲者における文民の割合も八〜九割ではなかった。

ＩＣＴＹとは別に、二〇〇七年には、サラエボに拠点を置くＮＧＯ「調査記録センター」が暫定的な調査結果を発表した。調査記録センターは二〇〇四年に設立され、ノルウェー政府から資金援助を受けていた。その調査結果によれば、およそ九万七〇〇〇人が紛争で死亡したとしている。[*67]この数字は、ＩＣＴＹの推算とおおよそ一致する。やはり二〇万人には遠く及ばない数字である。

ところが、調査記録センターの調査結果に対して、現地社会からは激しい反発と批判が寄せられた。ボスニア政府は、犠牲者が二〇万人以上だったと主張し、セルビア系の政治家らはセルビア系住民の犠牲者の割合が少なすぎると反発した。現地の大学などに在籍する有力な研究者たちも、このセンターの調査が不当であるとし、調査を進めた責任者の個人攻撃やノルウェー政府批判にまで及んだ。

このＮＧＯの調査結果は、タボら戦争人口論の専門家によるチェックも経て、科学的な妥当性が明らかになったにもかかわらず、数値に対する反発は収まらなかった。[*68]しかし、この議論はあくまで現地のメディアでのみ行われたもので、ＩＣＴＹの調査を含む科学的分析結果を根本から覆すようなものではなかった。

この問題からわかるように、科学的耐久性の高いデータであっても、それをもって社会的信頼が得られるわけではない。統計データの計算は、多くの市民にとっては複雑で難解にすぎる。しかも、それぞれの共同体には、戦争に関するそれぞれの物語があり、それと対立するデータは容易には受容されないのだ。

## 4　複数データとAIによる推算へ

### 国連による事実調査――戦争か否か

旧ユーゴスラビア紛争とはまた違ったかたちで、犠牲者数の把握が困難だったのが、シリア紛争である。

二〇一一年三月、シリアの主要都市ではアサド政権に対する平和的な抗議運動が起きたが、治安部隊が運動の広がりを押さえようと、数十人もの市民を殺害した。それにもかかわらず、抗議運動はさらに拡大し、最終的に体制派と反体制派の武力衝突に発展した。シリア紛争の人道状況や犠牲者数のデータは、主に国連の人権理事会ならびに国連人権高等弁務官事務所（OHCHR）が収集、報告してきた。ここでは、特に犠牲者数がどのように調査されてきたのか見てみよう。

二〇一一年四月末、悪化するシリアでの状況に鑑みて、国連人権理事会は、OHCHRに人道状況の調査を要請した。OHCHRは六月、シリアから逃れた人々のインタビューなどの調査を行い、三ヵ月後に報告書を発表した。報告書は、シリア政府が自国民を人道に対する犯罪から守る責任を果たしていないと結論を下した。*69

同じ時期、人権理事会はパウロ・ピンヘイロを座長とする独立国際委員会を設置し、シリアの人権状況について本格的な調査を開始した。同委員会はシリア政府の協力を得られず、現地での調査を実施することはできなかった。それでも二〇〇人以上の関係者にインタビューを行うなど、一次データの収集に努めた。その結果、二〇一一年三月から一一月初頭までに、すでに三五〇〇人もの文民がシリア国軍によって殺害されたと判明した。[*70]また、過剰な暴力の行使や法を逸脱した処刑などをはじめとする種々の人権侵害が、シリア政府によって行われていることも明らかにした。[*71]

他方、独立国際委員会は、シリアの状況を国際人道法の適用対象とは見なさなかった。調査当時のシリアは、人道法が想定する国内武力紛争のレベルにまで軍事衝突が激化したとは判断できない、ということだった。[*72]内戦の場合、国家間の戦争と違って、最初から激しい戦闘になるとは限らない。最初は、政府による弾圧とそれに対する小規模な抵抗運動が行われることがしばしばである。この段階ではまだ戦争ではない。それが徐々にエスカレートし、激しい武力衝突に発展する。暴力の応酬が一定のレベルを超えたところで、ようやく戦争のカテゴリーとして認識されるのである。問題はその基準である。

独立国際委員会は、調査報告のなかでICTYの判例に言及し、戦争か否かを判断する基準として、①紛争の烈度に加えて、②紛争アクターの組織化の程度を挙げた。[*73]「紛争の烈度」は、暴力のレベルのことだが、「組織化の程度」とはどういうことか。たとえば、治安の悪い地域について考えてみよう。そこでは殺人事件が毎日、何件も起きていて、心臓疾患による死亡者数よりも殺人による死亡者数が多いとする。さて、これは内戦だろうか。いや、内戦ではない。ただ、治安が悪いだけである。戦争とは、組織的な暴力が衝突する現象であり、個別の殺人事件を集めたものではない。戦争では、交戦当事者のなかで指揮命令系統が確立し、それによって計画的に大量の殺人を行う。それゆえ、戦争の要件には、「紛争アクターの組織化の程度」が含まれる。

### 武力紛争の認定と死者数

実際、二〇一一年一一月の時点で、反体制派の中心勢力となる自由シリア軍（ＦＳＡ）とシリア国民評議会（ＳＮＣ）は、まだ設立されたばかりで、十分に組織化されているとは言い難い状態だった。両組織はシリア国内では正当性を確立することができず、反政府運動をコントロールする能力を持たなかった。[*74] 独立国際委員会は、これをもってまだ戦争には至っていないと判断したのである。

しかし、これ以降、シリア情勢はますます悪化し、本格的な内戦の様相を帯びていく。二〇一一年一二月、国連人権高等弁務官ナビ・ピレイは、シリアの危機を「内戦」と評した。[*75] その翌日、国連人権理事会は決議を通じて、シリア政府による人権侵害を強く非難した。[*76] 翌年一月、シリア政府は人権侵害だという非難は誤っており、すべての責任は武装テロリストグループにあると主張した。[*77]

二月にはシリア第三の都市であるホムスで激しい戦闘が展開された。ホムスは「革命の中心地」などと呼ばれ、アサド政権が大規模な攻撃を仕掛けたとされる。[*78] こうした状況下で、国連とアラブ連盟はコフィ・アナン前国連事務総長を合同特使に任命し、シリアに派遣した。交渉の末、四月一二日、シリア政府と反体制派が停戦に合意し、国連シリア監視団（ＵＮＳＭＩＳ）がシリアで活動を開始した。ところが、停戦は二週間ほどで崩壊し、それ以降、ＵＮＳＭＩＳも活動が継続できない状況となり、八月には組織としての活動を終了した。

二〇一二年八月、独立国際委員会はシリアに関する第三報告書を発表した。同委員会は、この報告書で初めてシリアの状況が人道法の想定する国内武力紛争であると認定した[*79]。その判断が具体的にどのようなデータに基づくのかについては詳述していないものの、反体制派の組織化が進んだ点は指摘された[*80]。

もうひとつの重要な論点が紛争死者数で、それが紛争の規模を考えるうえで重要なデータだった。二〇一二年七月の段階で、シリアのいくつかの非政府組織および反政府勢力は、死者が一万七〇〇〇～二万二〇〇〇人にまで達したと発表した。他方、シリア政府は七九二八人ほどであるとした。数字には大きなばらつきがあったものの、報告書はいずれが実態に近いのか明らかにすることができず、これらの数字を併記するにとどめた[*81]。

ここからもシリア紛争で犠牲者数を推算しにくい原因が見て取れる。シリア紛争の最大の問題は、アサド政権側のデータも、反政府勢力側のデータも、現地NGOのデータも、いずれも中立と見なすことができないことだ。かといって、国連職員や国際NGOの関係者が紛争地に入って、独自に調査をすることも容易ではない。実際、国連は二〇一四年一月に、シリア紛争の死者数の計測を中止することを表明した。

シリア紛争の事例では、グアテマラ内戦や旧ユーゴスラビア紛争と異なり、現在進行形の戦争について犠牲者数を推算しなければならなかった。それゆえ、データの収集が何より大きな問題だったのである。

## 犠牲者数の推算――六つのデータとAIの活用

ＯＨＣＨＲは、犠牲者数の推算という難題に答えるべく、非営利団体ベネテックの人権データ分析グループに協力を求めた。ベネテックはマイクロソフト社の助成を受け、ＩＴ技術をもとに人道的な活動を行ってきた組織である。[*82]このベネテックの調査グループには、グアテマラでの調査以降、戦争の統計学の権威となったパトリック・ボールも加わっていた。

ベネテックの調査グループが注目したのが、犠牲者に関するデータである。シリアでは政治的立場を異にする様々な組織が存在し、それぞれに犠牲者を記録していた。そこで調査グループは、数ある記録から次の七つを選び、分析することにした。人権侵害記録センター、シリア人権ネットワーク、シリア革命総合委員会、シリア・シュハダ・ウェブサイト、三月一五日グループ、シリア人権監視団、シリア政府の公表する記録である。それぞれの記録を詳細に検討したところ、シリア人権監視団のデータは、シリア革命総合委員会のデータから派生したものだとわかり、両者をひとつのデータとした。その結果、六つのデータとして整理した。[*83]

六つのデータそれぞれから、さらに犠牲者の名前、死亡した日付ならびに場所が特定されているものだけを抽出し、六つのデータで比較する作業を行った。当然、同じ事例を複数の組織が記録していることが考えられるため、それらの重複分を差し引かなければならない。調査グループは、一致している可能性のある組み合わせを集め、ひとつのデータセットとした。そこから人間が一致／不一致を判断することで、ＡＩが一致／不一致のアルゴリズムを生成するための学習データをつくった。そして、この学習データをもとにＡＩが自動的にすべてのデータの一致／不一致を判断できるようにした[*84]。

こうしたＡＩの利用は非常に興味深い。よい面は、それまで人手に頼っていた作業をＡＩが自動的に行うことで省力化ならびに時間の短縮が期待できる。悪い面は、ＡＩの利用は進みすぎるとブラックボックス化し、説明責任を負いきれなくなる可能性がある。ＡＩが学習データから生成しているアルゴリズムは、人間の頭のなかにあるルールとは必ずしも同じではない。

二〇一六年、イギリスのディープマインド社が開発した「アルファ碁」が、世界トップレベルの囲碁棋士を破った。アルファ碁は最高峰の棋士による三〇〇〇万種類の打ち手を学習し、そこから自ら対戦を繰り返すなどして自身を強化した[*85]。現在、ＡＩは画像認識をはじめとする様々な領域で、分析と学習を繰り返し、ＡＩ独自のアルゴリズムを生成している。ＡＩは結論は述べても、そのアルゴリズムの中身を説明することはない。たとえ結論が正しくても、その過程の一部は不明なままである。また、学習データそのものにバイアスや間違いがあった場合、アルゴリズムはそうしたバイアスや間違いを再生産し続ける可能性がある[*86]。

そうした問題点が指摘されている一方で、ＡＩの応用範囲は急速に拡大している。戦争データの領域もその一部である。

## ＯＨＣＨＲが算出した文民の総死者数

話を戻す。こうして重複を排除したデータから、調査グループは犠牲者数五万九六九八という数字を導き出した（あくまで二〇一一年三月から一二年一一月の期間に限る）。ＯＨＣＨＲとベネテック

は、その後も同様の調査を複数回行い、二〇一一年三月から一三年四月にかけて九万二九〇一人が、[*87]
一一年三月から一四年四月にかけて一九万一三六九人が[*88]犠牲になったとする調査結果を発表した。

ただし、調査グループが注意を促しているように、この数字には、見逃した重複が入っている可能性がある。それ以上に、どの組織の記録にも含まれていない死亡事例が計算に入っていない。それゆえ、相当過小な数字になっている可能性がある。しかし、彼らはこれらのデータから、報告されていない死亡事例を含めた統計データを推算しなかった。これはグアテマラ内戦や旧ユーゴスラビア紛争と大きく異なる点である。それでも、入手可能なデータでできるかぎり正確な数字を出した意義は決して小さくない。

シリア紛争は、その後、紛争全体の犠牲者数が不明確なまま続いた。もちろん、シリア人権監視団などは定期的に犠牲者の総数を発表したが、こうした組織は中立ではなく、数字にバイアスがあるとの批判があった。[*89]たしかに批判はもっともだが、シリア紛争において、政治的に中立で、しかも現地に根を張って紛争データ収集をしている組織は、おそらく存在しなかった。

そうした状況下で、二〇二二年六月、OHCHRがシリア紛争に関する報告書を公表し、二〇一一年三月から二一年三月までの一〇年間で、紛争によって三〇万六八八七人の文民が死亡したと結論を下した。[*90]この数字は紛争犠牲者全体ではなく、文民のみの死者数であることに注意したい。

OHCHRはこのデータを導くために、シリアのNGOなどが収集した八種類のデータを利用した。そこから重複を特定し、それらを差し引いた結果、記録された死亡者数が三五万二〇九人（そのうち文民は一四万三三五〇人）となった。OHCHRは、そこから「多重システム推算法（MS

E）」を用いて、記録されていない文民死者数を一六万三五三七人と推算し、それを足して、文民の総死者数（三〇万六八八七人）を割り出した。[*91] さらにデータの標準誤差を導き出し、実際の数字は二八万一四四三人から三三万七九七一人の間であると推定した。当然、これは文民死者のみの数字であり、戦闘員の犠牲者数も含めれば、はるかに多くなる。

このＯＨＣＨＲが生成したデータは、グアテマラ内戦から蓄積された、戦争被害の統計学的ノウハウの成果であった。

＊

この章では、戦争の死者を計測するための統計的分析の活動を見てきた。一八世紀以降、国家は社会を把握するために統計を利用した。戦争もそうした統計が利用された領域の最たるものだった。しかし、戦争での統計データは、正確性を担保することが非常に難しい。ベトナム戦争の事例が明らかにしたように、軍が統計データを取る際には改竄の誘因が強い。まして、国家が権威主義体制であれば、人権侵害および人道法違反の行為についてのデータなど、正確性を期待することはできない。そこで重要なのが人道ネットワークによる統計調査だった。

グアテマラでは、真相究明委員会などの調査過程で統計的分析が実施され、紛争犠牲者の総数が推算された。旧ユーゴスラビア紛争では、こうした統計データが実態の解明に加えて、国際刑事裁判でも利用され、法的責任の追及に貢献した。さらにシリア紛争では、現地での調査が著しく困難な状況で、国連がある程度、科学的に耐久性を持ったデータを出すことにつながった。人道ネットワークは、紛争での調査を重ねるごとに大きくなり、技術的な進歩を遂げた。

ただし、ボスニア紛争の事例が明らかにするように、科学的耐久性が上がっても、社会的信頼性が上がるとは限らない。紛争死者数の数値は、単に被害規模の把握だけでなく、政治・社会的な物語をつくるうえでも重要な意味がある。だからこそ、シリア紛争のように、中立な立場が存在しにくい状況では、いよいよ犠牲者数の確定は困難である。また、統計学的な計算は、しばしば専門的知識を要し、多くの市民には難解である。仮にある程度、数値が確定したとしても、それが政治・社会的に受容されるかは、科学的な正確性とはまた別の問題なのだ。

# 第5章　遺体を掘り起こす——一九九〇年代の戦争と法医学

戦争被害を統計的に把握できたとしても、一人ひとりがどのように命を失ったのかについては説明できない。もし本当に戦争を理解したいのなら、そうした犠牲者がどういう人間で、どのように死んだのか、詳しく調べなければならないはずだ。まして、その死の法的責任を裁判で問うのならば、いよいよ誰がどのように殺害されたのか、明らかにしなければならない。

そこで登場するのが法医学である。法医学（forensic science）[*1]とは、人間の遺体およびそれに関連する物体の分析において、様々な科学的専門知を法の文脈に基づき、適用する分野である。[*2]法医人類学、法医考古学、法医病理学などから構成され、紛争の実態調査で重要な役割を果たしてきた。前章では戦争をマクロに捉える統計学的分析に着目したが、本章は戦争をミクロに捉える法医学的分析に着目する。

具体的には、旧ユーゴスラビア国際刑事裁判所（ＩＣＴＹ）の事例を中心に、法医学が戦争データの生成に果たしてきた役割を明らかにする。

先述したように、ＩＣＴＹは一九九三年に国連の安全保障理事会によって設立された国際刑事裁判所である。その目的は、旧ユーゴスラビアで集団殺害、戦争犯罪、人道に対する罪を犯した人々を訴追することで、二〇一七年にすべての裁判を終えて閉廷した。

## 1　法医学的調査の役割

### 蓄積されてきた研究

一九世紀半ば以降、国家は兵士の死に関する情報を収集し、遺族に説明する責任を負うようになった。そこで残された遺体の身元を調査する必要が発生した。その身元確認を容易にするために発明されたのが認識票（ドッグタグ）だったことは第1章で述べた。認識票はもちろん、身元確認では、兵士の持ち物が重要なヒントになる。さらに、骨格や歯の特徴などから身元を推定する場合もある。[*3] 第一次世界大戦期は、法医人類学がそれほど発展しておらず、認識票を中心とした遺留品が身元確認の最大の手がかりだった。[*4]

法医人類学が学問領域として本格的に登場したのは、アメリカでウィルトン・クロッグマンが「人間の骨格材料の識別入門」（一九三九年）という論文を発表してからと言われる。[*5] これ以降、法医人類学の分野では、性別や年齢などの特徴を人骨の分析によって科学的に導き出す知識体系が生成されていった。実際、人間の骨を一部だけ取り出して、それがどの部位なのか確定するだけでも、きわめて難しい専門的な作業だ。まして、そこから身元を明らかにするのは、多くの研究蓄積が必要である。

戦争では膨大な量の身元不明の遺体が残されるため、その調査には法医人類学の専門家が不可欠だ。

日本は長きにわたり、海外での戦没者の法医学調査を行ってきた。一九五〇年に海外での遺骨収集が開始され、近年でも太平洋の島々や樺太などで、法医学調査を含む遺骨収集のプロジェクトが断続的に行われている。[*6]骨格や歯の特徴から死亡年齢、性別、民族などを割り出し、衣類や持ち物などから所属などを推定する。これは日本に限らず、第二次世界大戦に参加した国々の多くで実施されている。

アメリカの場合には、第二次世界大戦後も、朝鮮戦争やベトナム戦争で大量の死者が出て、そこで身元鑑定の手法が大きく発展した。朝鮮戦争の米軍兵士の遺体は、小倉の米軍基地で身元鑑定が行われ、そこには日本の大学関係者も参加していた。[*7]

このように国家が兵士の遺体を調査するのであれば、まだいい。権威主義政権による一方的な虐殺や内戦の場合には、殺された人々の法医学的データを国家が責任をもって収集することはまずない。そうなったときに、市民が助けを求めるのが、国際的な人道ネットワークである。

NGOや国際組織が法医学データを収集するために、調査チームをつくり、虐殺や内戦が発生した地域に派遣することがある。たとえば、後述するように、失踪した人々の家族や友人たちが彼/彼女の消息を知るために、そうした人道ネットワークに調査を依頼する。あるいは、国際社会が虐殺を問題にし、国際刑事裁判所が調査を開始した場合にも、人道ネットワークによる法医学調査が行われる。

## 国際刑事裁判のなかでの法医学の役割

国内での刑事裁判同様、国際刑事裁判でも、犯罪を立証するには死者の属性および死因の説明がきわめて重要になる。そこで必要なのが遺体の解析である。調査はまず、遺体が埋まっている大量埋却地《まいきゃくち》(mass graves)を発見することから始まる。戦争で虐殺が起きた場合、遺体をひとつずつ個別に埋葬するよりも、一ヵ所にまとめて埋めることが多い。

埋却地が見つかると、そこから遺体を発掘する。遺体は、発見された状況、遺留品、身体的特徴、損傷の様態などを総合的に分析することで、属性と死因が明らかになる(場合がある)。このデータ生成の過程に関与するのが法医学の専門家、すなわち法医考古学者、法医人類学者、法医病理学者などである。

ただし、ここで生成される死者データは、専門知の範囲内でのみ、解釈が提示される。たとえば、法医学者は遺体の死因について可能性の束を示すが、そのなかからひとつを選んだり、そこに法的な解釈を加えたりはしない。とりわけ問題となる犯罪の帰責性については論じない。要するに、法医学者は遺体を調べても、誰がどういう犯罪を行ったかについては原則、推論しない。法的な判断と、法医学的な事実の確定は線引きされるのだ。

また、法医学調査は、あくまで犯罪に一定のパターンが存在したことを明らかにするために行われる。必ずしも紛争の全貌を明らかにするためのものではない。刑事裁判では、犯罪を立証するのに必要な情報を引き出せばよいのであって、犯罪がどこでどのように行われたのか、隅から隅まで解明しなくてもよい。大量虐殺の場合、そこまでの解明を待っていたら、いつまで経っても裁判が終わらない。このように、紛争の包括的な実態調査と、裁判に関わる法医学調査は、原則として区別される。

法医学調査チームには、客観性や独立性がある程度求められる。ICTYは、裁判部、書記局、検察局から構成され、法医学調査チームは、組織構成上、検察局に属した。しかし、法医学調査チームには、分析段階で調査の文脈や背景的な知識をできるかぎり与えないような仕組みになっていた。これは分析に何らかのバイアスが生じるのを防ぐためである。実際、ICTYの裁判では、分析者のバイアスの有無が争われた。判決では、法医学の専門家に限定的な背景知識が与えられているとしても、それが報告書の信頼性の疑義につながるとは言えない、と判断された。[*8]

法医学調査チームは、少なくとも建前上は、検察局のために働いているのではなく、裁判に必要な客観的事実の提示のために働いており、その行動原則は法医学上の科学的要請に基づく。

国際刑事裁判では、様々なデータから犯罪の立証に必要なものだけを選別し、利用する。国際刑事裁判で求められる死者のデータは、主に死因や大まかな属性である。それゆえ、残された家族が満足するとは限らない。多くの家族が死者の身元の判別を強く望むし、大切な人がどういった最期を迎えたのか、詳細を知りたいと考える。

しかし、裁判で犯罪を立証するうえでは必ずしもそこまで明らかにする必要はない。[*9] そのため、戦争データを生成する人道ネットワークには、しばしば裁判とは別に、家族のために性質を異にする死者データの生成が求められることがある。[*10] このように、戦争データはその目的や求められる機能によって、その内容を調整する必要がある。

## 2　旧ユーゴスラビア国際刑事裁判所の設立

### ICTY設立までの道程

これからICTYでの裁判における法医学の役割について見ていく。実のところ、法医学的調査は、ICTYの設立そのものに深く関わっていた。まずはICTY設立の経緯を見ていこう。

一九九二年四月にボスニアで本格的な武力紛争が発生すると、そのおよそ四ヵ月後、国連人権委員会は特別報告者を指名し、当該地域での人権状況の調査を行った。このときの特別報告者は、タデウシュ・マゾヴィエツキだった。彼はポーランドの元首相で、民主化運動を進めた指導者として知られていた。一九九二年八月二一～二六日に第一回の現地調査を行い、二八日に第一報告書を提出した。

この調査でマゾヴィエツキは、国連の「恣意的拘禁作業部会」の議長であるルイ・ジョワネと、国連の「超法規的、略式または恣意的処刑に関する特別報告者」であるバクレ・W・ンダイェに協力を仰いだ。[*11] 彼らは現地調査などを通じて、多くの関係者に聞き取り調査を行った。紛争地であるがゆえに訪問できる場所は限られ、[*12] しかもセルビア系勢力からの妨害に遭うなど、[*13] 調査は難航した。しかし、最終的に多くの証言を収集し、民族浄化、さらには不当な拘留、処刑、強制失踪が行われたとの結論を出す。[*14]

一九九二年一〇月には第二回の現地調査が行われたが、ここで調査スタッフが増強された。そのなかにはクライド・スノウら、二名の法医学者が含まれていた。[*15] 法医学の専門家は、事件に関連する遺体が埋められた場所の特定や、遺体の特徴の分析などを主な任務とした。[*16] 実際、この調査で戦争犯罪の最も重要な証拠につながる大量埋却地のひとつが発見され、戦争犯罪の物的証拠を集めるのに必要な基礎をつくった。

国連人権委員会と並行して、国連事務総長が安保理の要請に基づき、当該紛争での重大な人道法違反調査を行うための専門家委員会を設置したのも、この時期だった。この委員会は人道法の専門家五名から構成され、オランダ赤十字協会の国際問題アドバイザーで、国際事実調査委員会委員[*17]でもあったフリッツ・カルスホーベンを議長とした。[*18] この専門家委員会が、人権委員会をはじめとする人道法違反調査を行う各アクターの総合的な調整を担った。

欧米諸国は、この段階で戦争犯罪の調査に加え、刑事裁判の可能性を検討し始めていた。[*19] 一一月には、専門家委員会と欧州安全保障協力会議（CSCE）が協議し、法的責任に関する調査と、国際刑事裁判所の設置に向けた活動を行うことで合意した。[*20] そして、翌月にはCSCEが国際刑事裁判所設立に関する条約の草案作成を正式に決定する。[*21]

## 法医学専門家の派遣

一二月一五〜二〇日には、いよいよ戦争犯罪の物的証拠を収集するための予備調査が実施された。[*22] 国連の「超法規的、略式または恣意的処刑に関する特別報告者」であるンダイィェが責任者となり、調査チームを派遣した。調査チームは、カナダ軍の法務官ウィリアム・J・フェンリックを中心に、虐殺が疑われる現場での予備的な法医学調査を行った。[*23] この調査では、法医学の専門家を必要としたため、アメリカに拠点を置く国際NGO「人権のための医師団（PHR）」に支援を仰いだ。

当時、すでにアメリカには、PHRを中心に紛争や人権侵害の法医学調査を専門的に行うネットワークが存在した。その中心人物がPHRの事務局長だったエリック・ストーヴァーと、法医学の権威クライド・スノウだった。紛争継続中のため、非常に危険な環境であったが、彼らは大量埋却地があると疑われる場所を四ヵ所調査し、戦争犯罪の証拠が存在する可能性を明らかにした

ふたりの関係は、アルゼンチンの「汚い戦争」（一九七六〜八三年）での失踪者調査にまで遡ることができる。[*24] 当時、軍事独裁政権下のアルゼンチンでは、多数の一般市民が失踪しており、母と子どもが誘拐されたまま、行方不明になっている事例が数多く報告された。そこで誘拐された自分たちの孫の調査を行うことを目的に、「五月広場の祖母の会」が結成された。けれども、独裁政権下のアルゼンチンには、彼女たちの必要に応えられる法医学の専門家がいなかったため、彼女たちは「アメリカ科学振興協会（AAAS）」に支援を求める。[*25]

ストーヴァーは当時、AAASのスタッフで、彼がつくった支援団にいたのがスノウだった。[*26] スノウはすでにアメリカ国内で法医学の専門家として活躍していた。彼はアルゼンチンの大学関係者に調査協力を求めたが断られ、現地の大学生たちを教育することでスタッフとした。[*27] そこで設立されたのがNGO「アルゼンチン法医学チーム」だった。彼らは軍事政権下で失踪したであろう人々の遺体を法医学的に分析していった。ここで教育された学生たちは法医学の専門家となり、のちに旧ユーゴスラビアの法医学調査に参加することになる。[*28]

## 大量埋却地の調査

一九九二年、スノウをはじめとする、旧ユーゴスラビア紛争の法医学調査チームは、主にヴコヴァル（現在クロアチアの東部に位置する町）で大量埋却地の調査を行った。そして、農村の一画に大量埋却地のひとつを発見した。しかし、現地のセルビア系の軍関係者はもちろん、平和維持活動の関係者からも十分な協力は得られず、調査は難航した[*29]。それでも彼らは期限内に虐殺の証拠の一部を発見した。

一九九三年一月に出された報告書によれば、その埋却地には、およそ二〇〇体もの遺体が埋まっていると推測された。解析の結果、殺害された人々は、その場所で処刑されたとの結論に達した。証言者の情報とすり合わせると、遺体はその土地の病院にいた傷病兵、民間人、スタッフと考えられた。また遺留品から、そこに埋められていたのがクロアチア系住民であることも明らかになった[*30]。

一九九三年二月、こうした戦争犯罪に関する報告に基づき、カルスホーベンを議長とする専門家委員会は、この旧ユーゴスラビア紛争での戦争犯罪を裁くための国際刑事裁判所の設置を提案した[*31]。そのおよそ三ヵ月後、国連事務総長からの国際刑事裁判所の設立勧告、そして設立を正式に決定する安保理決議八二七の採択が実現した[*32]。

ちなみに、ＩＣＴＹのように、特定の紛争のためだけに設置された国際刑事裁判所のことを「アドホックな国際刑事裁判所」と呼ぶ。

## 3 スレブレニツァ事件の調査——裁判用のデータ

### ムスリム系住民の大量殺害

法医学調査は、ICTYの設立だけでなく、実際の裁判でも重要な役割を果たすことになる。それをよく示した事例のひとつが、スレブレニツァ事件に関する調査である。当該事件は先に説明したように、一九九五年七月に起きた虐殺事件である。

スレブレニツァは主にムスリム系住民が居住していた地域で、その周囲をセルビア系の人々が多く住む地域に囲まれていた。紛争でセルビア系の勢力が優勢になると、スレブレニツァは最終的に集中攻撃の対象となり、そこに住んでいた（また周囲から流入してきた）ムスリム系住民および捕虜が大量に殺害された。

スレブレニツァ事件に関する本格的な遺体調査は、一九九六年四月頃に開始され、二〇〇一年まで続いた（予備調査は一九九五年七月から）。戦争や大量虐殺の事例では、問題が明るみになって現地調査が行われるまでに、長い年月が経過することも少なくない。虐殺直後に法医学調査が行われ、多くの証拠を確保できた点で、この事件はやや特殊であった。

捜査主任は、フランス警察出身のジャン・レネ・ルエズだった。[*33] 彼らは四〇ヵ所以上の埋却地を発見し、およそ半数から遺体を掘り出した。[*34] 先述のとおり、法医学の調査は埋却地の場所を割り出すことから始まる。この作業で重要な役割を果たしたのが、CIAから提供された航空写真と、スレブレニツァ事件に関与した当事者、ならびに現場から逃れた生存者の証言だった。[*35] 調査チームはこれらをすり合わせ、現場を行き来しながら埋却地を発見した。

その後、遺体の発掘が始まったが、スレブレニツァの場合、事態はやや複雑だった。それは虐殺の事実が露見することを恐れたセルビア系の軍事勢力が埋却地を掘り返し、一部の遺体を（二次埋

**5-1　スレブレニツァ事件での処刑地および大量埋却地**

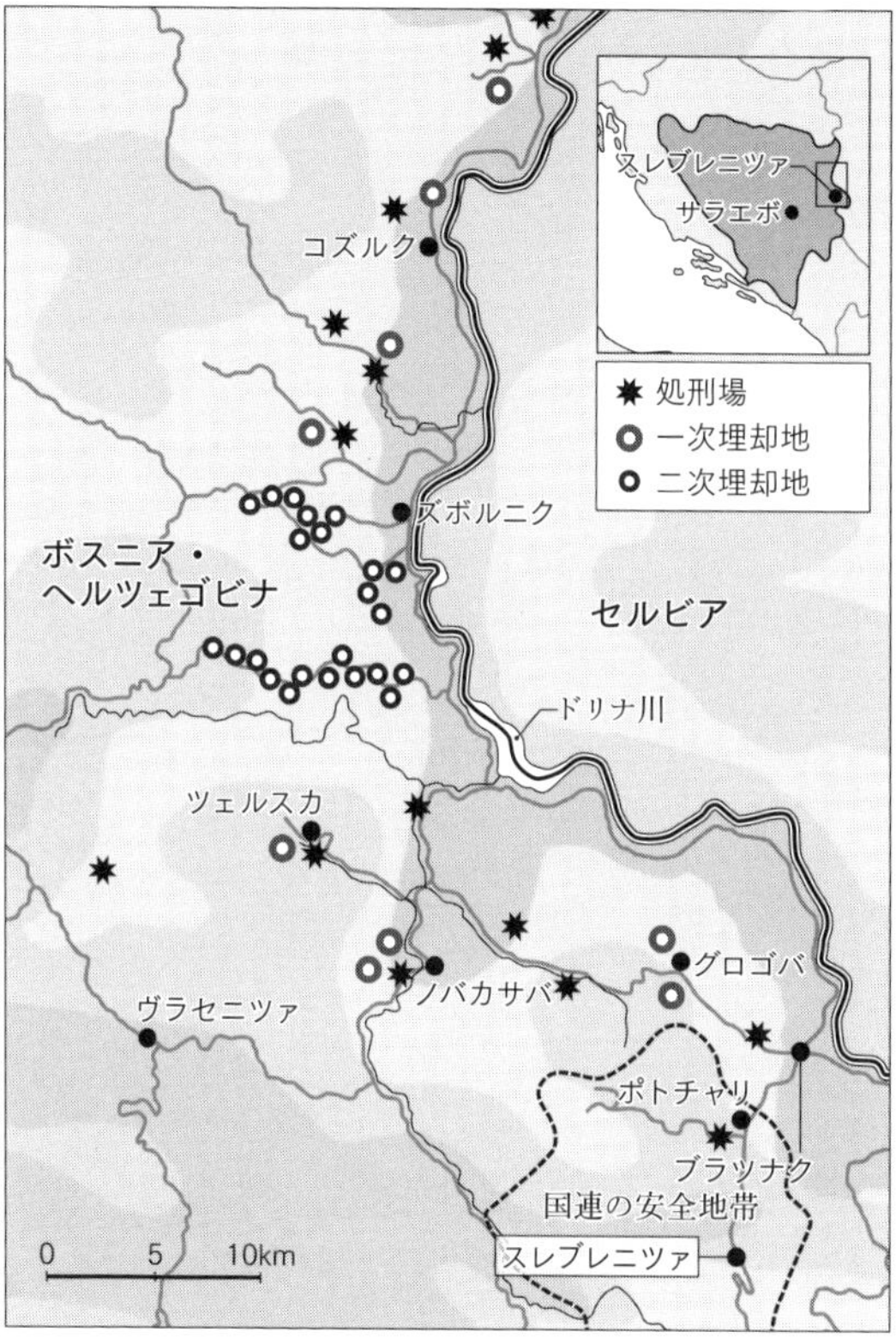


出典：Lara J. Nettelfield and Sarah Wagner, *Srebrenica in the Aftermath of Genocide* (Cambridge: Cambridge University Press, 2014), p. 12を基に筆者作成

却地と呼ばれる）別の場所に埋め替えたためである。[*36] その過程で多くの遺体が激しく損傷されたり、ひとつの遺体が損壊されて、ばらばらの場所に埋められたりした。遺体が損壊されると、当然のことながら、身元の確認や死因の分析が困難になる。

大量虐殺における遺体の法医学的分析は、およそ次のような工程で進められた。まず埋却地の発掘作業が（遺体の発掘を専門とする）法医考古学の知見に基づいて行われた。一九九六年のスレブレニツァでの発掘調査は、アメリカの法医人類学者であるウィリアム・D・ハグランドを中心に進められた。[*37] 紛争地の場合、埋却地はすぐに発掘できるわけではない。地雷原であることも少なくないため、発掘前に地雷の探索が必要となる。しかし、調査チームは当初、国連の和平履行部隊（IFOR）の協力を得られず、代わりに地雷撤去を専門とするノルウェーのNGOの支援を得て、作業にあたった。[*38]

## 身体的特徴の解析

ICTYの検察局に勤めていた藤原広人は、ICTYの国際刑事捜査について詳細な研究を行っている。彼によれば、スレブレニツァの発掘作業の段階で、法医学官のひとりが埋却地に関するデータを改竄したことが明らかになり、一九九七年のほとんどの期間、「全ての検死報告書が正確で正しい手続きに則って作成されたものであることを証明する作業」に費やすことになったという。[*39] 法医学分析の科学的耐久性は、ICTYによる刑事捜査の権威の根本に関わる。それゆえに、この点は重大な問題だった。

遺体が発掘されると、今度は身体的特徴の解析が行われた。人骨に関する専門知を持った法医人類学者が、遺留品の分析、発見された部位の確定、遺体の復元、骨などが示す身体的特徴の解析などに取り組んだ。たとえば、骨盤からは性別、恥骨からは年齢などの情報が得られる。そして、遺体の死因に関する専門知を持つ法医病理学者により、死因の特定が行われた。また、最初に遺体が埋められた場所を特定するために、花粉学の専門家による土地のサンプル調査なども行われた。

一九九六年の遺体の検査では、アメリカの法医病理学者ロバート・キルシュナーが中心的な役割を果たした。[*40] この段階で、発掘されたものが本当に人間の遺体かどうか、死亡時期はいつか、死者は何歳くらいか、どういう属性か（たとえば、性別、民族、文民／軍人）、遺骨は身元判別に関わる情報を示しているか、どのような仕方で死亡したのか、などが検証された。[*41] 調査チームは、現地で血液、髪などの組織、さらに爆発物の破片や目隠しなどに使われた可能性のある布などを収集し、そうしたサンプルをオランダ法医学研究所に送って分析を依頼した。ほかにも、収集された薬莢をアメリカの研究所で分析するなど、グローバルな専門機関のネットワークを利用して法医学調査が行われた。[*42]

最終的に、分析結果をデータ入力したうえで、失踪者の身体的特徴や生前の医療情報などと照合し、身元の判別を行った。失踪者の情報は、遺体の分析と異なり、生存者からの聞き取り調査によって得られる。スレブレニツァの失踪者情報は、現地で失踪者の捜索に当たっていた赤十字国際委員会（ＩＣＲＣ）とＰＨＲがそれぞれ独立に収集した。[*43] ＩＣＲＣでは組織の理念として、裁判での証拠の提供や証人としての役割を引き受けないため、あくまで残された家族のための情報収集ならびに提供という人道目的で活動が行われた。[*44] そうではあるものの、ICRCの失踪者リストは、PHRの情報とともに、死者データを生成するうえで、きわめて重要な情報源となった。

## DNA検査の大きなインパクト

二〇〇一年以降、法医学調査はICTYから国際行方不明者委員会（ICMP）に引き継がれ、本格的にDNA鑑定が行われるようになった。[*45] ICMPとは、前章でも紹介したように、一九九六年のG7サミットの際にアメリカのクリントン大統領のイニシアティブのもと、旧ユーゴスラビア紛争での失踪者の身元調査を行うことを目的に設立された国際組織である。[*46]

DNA検査は一九八〇年代末から九〇年代初頭にかけて、その法医学的調査における有効性が争われたが、[*47] 一九九〇年代後半には論争が収束するとともにDNAの検査技術が急速に発展し、先進国では犯罪捜査の現場で頻繁に使用されるようになった。[*48] このDNA検査が紛争地での失踪者の捜索でも大きな力を発揮した。

なぜDNA検査が重要だったのか。たとえば、スレブレニツァ事件の場合、先述したように、多くの遺体が一度埋められた後、セルビア系の軍事勢力によって掘り返され、二次埋却地に埋めなおされたことで、しばしば破壊され、場所もバラバラになった。それゆえ、遺体から一人の人間を再構成することが非常に困難だったからだ。バラバラになった遺体が一人の人間のものなのか、それとも複数の人間のものなのかわからなければ、犠牲者の人数もわからない。しかし、DNA検査によって遺体の個体識別が可能となり、発見された部位を再構成できるようになったのである。[*49]

身元調査の点でもＤＮＡ検査は大きなインパクトがあった。導入以前は、遺留品や生前の医療記録との照合などから身元調査を行っていたが、データ不足のために作業は遅々として進まなかった。[*50] ＤＮＡ検査はその状況を大きく変えた。ただし、身元の判別となれば、失踪者リストにある人々の親族のＤＮＡデータが必要で、その提供を膨大な人数に依頼をするという途方もない作業が必要だった。[*51]

ＩＣＭＰは二〇〇一年から〇八年までの間に、埋却地と疑われた一三六八ヵ所を調査した。[*52] 彼らの継続的な努力の結果、二〇一四年末の段階で、スレブレニツァ事件に関して七〇〇〇人近くの身元調査が完了した。[*53] こうして科学的に耐久性の高いデータが蓄積され、現地のマスメディアによって報道されていくことで、セルビア系の政治勢力が主張していた「スレブレニツァの死者はボスニア軍の内輪もめの結果である」とする説は否定された。[*54]

他方、調査の過程で、失踪者の家族はそう簡単に大切な人の死亡を受け入れることができなかった。たとえば、一九九六年二月、ＩＣＲＣから失踪者の死亡証明書を受け取った数百人の女性たちがＩＣＲＣ本部に押しかけた。そして、ＩＣＲＣの死亡証明プログラムに対して怒りをぶちまけた。[*55] 遺体を見てもいないのに、死亡したことを一方的に告げられても受け入れられないというのである。

また、ＩＣＭＰがＤＮＡのサンプルデータを残された家族から集める際にも、サンプルを提供してくれるよう家族を説得するのには困難が伴った。提供はあくまで強制ではなく、自主的なものだったからだ。彼らは遺体を見ていない以上、大切な人が死んだ可能性を考えることができなかったのである。[*56]

## 死者の属性と死因は関係するか

スレブレニツァ事件に関与した人々は、国際法上、複数の罪に問われる可能性があった。第一に一九四九年のジュネーブ諸条約に違反した罪（ICTY規程第二条）、第二に国際人道法および慣習法に違反した罪（同第三条）、第三に人道に対する罪（同第五条）、第四にジェノサイド罪（同第四条）である。これらの犯罪が成立するための要件はそれぞれ異なるが、本書の目的はそうした国際法上の論点を検討するものではない。あくまで法医学データが裁判で果たした機能や役割の分析である。

法医学データとの関連に着目するならば、重要なのは、死者の属性（たとえば、民族や文民／戦闘員の区別など）と死因が、上記の犯罪とどのようにつながるのか、という点である。死者が文民だったか否かが問われるのが、第一、第二、第三の犯罪である。死者が属する民族が問われるのが、第四の犯罪である。死因はいずれの犯罪とも関係するが、とりわけ重要なのが、戦闘の結果の死亡なのか、それとも無抵抗な状態で処刑されたのか、という点である。

そこで、ここではスレブレニツァに関わる死者の「文民としての属性」と死因の問題が、法医学データにより、裁判でどのように確定されたのか見ていこう。そのために、第4章でも取り上げた二つの裁判事例を検討する。

ひとつはラディスラブ・クルスティチの第一審での裁判である。彼はスレブレニツァで虐殺を実行したとされる、セルビア系の軍事勢力であったスルプスカ共和国軍に属するドリナ軍団の司令官を務めた。

もうひとつがラドバン・カラジッチの第一審での裁判で、彼はスルプスカ共和国の初代大統領にして、スルプスカ共和国軍の最高司令官だった。

## クルスティチ裁判――処刑だったか

この裁判では、報告書の提出とは別に、法医学調査に関わった数名の専門家が証人として出廷した。具体的には、捜査主任のルエズに始まり、オーストラリア警察出身の調査官ディーン・マニング、オーストラリアの法医考古学者リチャード・ライト、法医人類学者ハグランド、ペルーの法医人類学者ホセ・パブロ・バライバル、スコットランドの法医病理学者ジョン・クラーク、オーストラリアの法医病理学者クリストファー・ローレンスなどだった。[*57]
専門家らは、最初に学位、研究、専門、経歴などについて問われ、専門家としての資格を満たしているかどうか、すなわち、法医学の知見を代表して語るにふさわしい人物かどうかが確認された。その後、ICTYで携わった業務と調査データの解説を一つひとつ求められた。
スレブレニツァに関わる遺体の場合、死因の多くは銃撃によるものだったが、重要な証拠として議論にのぼったのが、両手を縛っていたヒモや目隠しだった。[*58]これらは死者が無抵抗な状態で殺害された可能性を示し、死因が自殺や戦闘によるものではなく、処刑によるものだったことを示唆する。[*59]また遺体には、戦闘によって生じるであろう傷もほとんど見られず、多くが正面ではなく背後から撃たれていた。こうしたことが、いよいよ処刑の可能性を高めた。[*60]

ただし、専門家の多くは、処刑が実施されたかどうかの解釈には、できるだけ踏み込まず、遺留品や遺体の状況についてのみ証言した。また科学的には、戦闘によって死亡した可能性を完全に排除することはできないとも指摘した。[*61] 彼らはあくまで法医学から導き出される可能性の束を提示した。

この裁判では、文民かどうかの判定も重要な争点で、多くの場合、その手がかりは死者の遺留品だった。けれども、専門家らは、死者が文民だったかどうかの判断も自分たちの権限の範囲外であり、あくまで発見された遺留品がどのような性質のものかだけを証言した。それらの証言によれば、遺留品からは軍服はほとんど見つからず、一般市民が普段の生活で身に着けている衣服がほとんどだったという。[*62]

では、判決はどのように下されたのか。

第一審では、犠牲者は主に処刑によって死亡したと認定された。その根拠は法医学者ら専門家が収集し提出したデータだった。具体的には、少なくとも四四八体の遺体に目隠しがなされ、両手などを縛っていたと思われる四二三本のヒモを発見したこと、さらに戦闘でつくであろう傷がなく、銃撃によって死亡していたこと、また、それらの法医学的データが生存者の証言と一致していたこと、そして、セルビア系の軍事勢力がわざわざ遺体を一次埋却地から二次埋却地へと埋めなおしており、証拠の隠滅を図ったように解釈できることなどだった。[*63]

以上から、国際人道法および戦時慣習法違反、人道に対する罪、ジェノサイド罪で有罪との判決が下された。

## カラジッチ裁判での有罪判決とICTYへの批判

カラジッチの裁判でも、やはりそれまでのクルスティチ裁判をはじめとする一連の裁判と同様に、報告書や専門家の証言といった法医学データが数多く利用された。ただし、裁判ではICTYによる法医学調査の科学的妥当性について、二点確認が行われた。

ひとつは、ハグランドの法医学調査の科学的妥当性である。彼が以前携わったルワンダでの法医学調査がルワンダ国際刑事裁判所（ICTR）で問題になったことから、ICTYでも彼の調査方法に不備がなかったか確認した。[*64] もうひとつは、法医病理学者のキルシュナーが他の病理学者などのメンバーに諮ることなく、検死報告書を修正したことが問題とされた。[*65]

こうした科学的妥当性に関わる問題について検討しつつ、本裁判でもクルスティチ裁判で提出された証拠や証言が何度も引用された。やはり、ここでも遺体に付属していた目隠しや両腕を縛っていたヒモが争点のひとつとなった。[*66]

ICTYの法医学者らは、布と遺体の状態からヒモが目隠しだったという解釈が有力であると主張した。[*67] 一方、カラジッチ側は、ICTYの法医学調査チームとは別の法医学の専門家を証人とし、死者データに関する別の解釈を提示した。たとえば、目隠しとされた布は衣服の一部にすぎなかった、あるいは兵士たちの宗教的な意味合いのバンダナだったと主張した。[*68]

第一審の判決では、こうした遺体や遺留品の状態が処刑の証拠として解釈された。さらに報告書に基づき、死者の多くが文民であったと認定された。こうしてカラジッチは、国際人道法および戦時慣習法違反の罪、人道に対する罪、ならびにジェノサイド罪で有罪となった。[*69]
このように、国際的な法医学の専門家ネットワークの活動がICTYの設立、さらにはICTYでの裁判に大きな影響を与えた。法医学のデータは科学的に耐久性が高く、法的証拠として認定される傾向にあった。
その一方で、旧ユーゴスラビア地域の人々が皆、そうした科学的な証拠に基づく裁判を受け入れたわけではなかった。特にセルビア系の人々は、自分たちが紛争加害者として一方的に描かれることに憤り、ICTYに対してネガティブな態度をとることが多いと指摘されている。[*70] 彼らにとっては、スレブレニツァ事件以前の数年間にわたる、ボスニア軍による無差別攻撃こそが問題だった。それが判決の文脈で無視されていることは許容できなかった。[*71]
こうした戦争の文脈や構図は、科学的データとはやや位相を異にする。それゆえ、ボスニア・ヘルツェゴビナを構成する地域のひとつで、セルビア系住民を中心とするスルプスカ共和国では、スレブレニツァ歴史プロジェクトが進められ、スレブレニツァ事件の異なる解釈を基礎づけ、広めようとしてきた。[*72]
このように、科学的データは、戦争の集合的記憶の不一致をすべて解消できるわけではない。

## 4 国際行方不明者委員会の拡大

旧ユーゴスラビア紛争で失踪者や遺体の法医学調査を担ったICMPは、二〇〇三年に活動範囲を拡大し、世界中の失踪者の問題に取り組むようになった。そこには紛争だけでなく、自然災害の事例も含まれた。

たとえば、二〇〇四年のスマトラ島沖地震による津波被害や、〇五年のアメリカを襲ったハリケーン・カトリーナの被害に対して、ICMPは法医学調査を通じて失踪者の問題に取り組んだ。[*73] 自然災害でも戦争同様、沢山の行方不明者の問題が発生したのである。

二〇一四年末には、ICMPに関する協定[*74]がベルギーのブリュッセルで結ばれ、ICMPは正式に行方不明者の捜索を目的とする国際組織としての法的地位を獲得した。最初にこの協定を批准したのが、オランダ、イギリス、ベルギー、ルクセンブルク、スウェーデンの五ヵ国だった。これに伴い、ICMPは本拠地をサラエボからオランダのハーグに移転した。

近年、ICMPはシリア紛争で失踪者の捜索に取り組んでいる。シリア人権ネットワークによれば、二〇一一年以来、およそ一〇万人の失踪者が発生した。[*75] ICMPは、失踪の原因として強制失踪および恣意的拘留、拷問や大量処刑による死亡、強制移住、継続中の紛争などが考えられるとした。そこでICMPは、シリアの市民社会組織と協力しながら、失踪者のデータベースの構築に取り組んできた。

また、ICMPは二〇一四年のマレーシア航空機撃墜事件以来、ウクライナでも行方不明者の問題に取り組んでいる。この二〇一四年の事件では、マレーシア航空の旅客機が撃墜され、乗っていた二九八人全員が死亡した。ウクライナ政府は、この事件を受けて、国際刑事警察機構（インターポール）に被害者の身元調査を依頼した。ICMPはインターポールの調査チームに加わって、法医学調査を行った。[*76]

さらに二〇二二年には、キーウ近郊のブチャで民間人の遺体が多数見つかった問題でも、ウクライナ政府に協力するかたちで法医学調査を行っている。[*77] また、同年一一月には、ウクライナの戦争で一万五〇〇〇人超が行方不明になっていることを明らかにした。[*78]

＊

戦争では、大量の行方不明者や遺体が発生し、その調査が必要になる。一九世紀以降、多くの国々がこの問題に直面してきた。一九七〇年代後半に起きた、アルゼンチンの「汚い戦争」では、行方不明者の捜索を行う市民団体が生まれ、その過程で法医学調査を行う専門家ネットワークが形成された。それが後に旧ユーゴスラビア紛争でも発展的に活動を行った。

法医学の専門家のネットワークは、世界中の専門機関をつなぐグローバルなものだった。このネットワークが、ICTYの設立、さらには裁判で活躍した。彼らが生成するデータは、国際法に違反した行為の法的責任を問ううえで、必須だった。

また、この紛争で設置されたICMPは、旧ユーゴスラビア紛争だけでなく、世界中の失踪者の問題に法医学的調査で貢献する組織となった。彼らは近年ではシリア紛争やウクライナ戦争でも調査を行っている。

このように、法医学的調査が科学的耐久性をもとに確固たる事実を積み上げる一方で、失踪者の家族や死者の遺族が、簡単に大切な人の死を受け入れられなかったことや、セルビア系の人々の多くがＩＣＴＹの裁判に対してネガティブな態度を見せたことは忘れてはならない。

判決を基礎づけるデータに科学的耐久性があっても、判決が前提とする戦争の文脈や構図の解釈が受け入れられなければ、判決が社会的信頼性を得られるとは限らない。結局のところ、戦争データが誰のどのようなニーズを満たすためにデザインされたものであるか、という点は常に意識する必要がある。科学的な客観性だけで人や社会を救えるわけではないのだ。

# 第6章　化学兵器を追う――いかに実戦投入を確認するか

二〇一二年、アメリカのオバマ大統領は、シリアのアサド政権に対して、紛争での化学兵器の使用は「レッドライン（越えてはならない一線）」であると述べた。化学兵器の使用は現在の国際社会において一種のタブーである。実際、化学兵器の使用は、いくつかの国際法で禁じられている。にもかかわらず、化学兵器は核兵器と異なり、使用禁止の一線がしばしば踏み越えられてきた。戦争中に化学兵器が使用されたとなれば、国連をはじめとするグローバルな人道ネットワークが事実調査を開始する。これまで何度も化学兵器の使用に関する調査が、国連やNGOによって行われてきた。

では、いったい誰がどのように調査を行い、化学兵器に関する戦争データを生成するのか。本章はその構造と来歴について検討する。[*1]

ちなみに、ここで言う「化学兵器」とは、毒性の化学物質（およびその生成段階前の物質）によって人や動物などを殺す、あるいは機能を害するために設計されたものを指す。

# 1　化学兵器禁止の歴史――一七世紀から二〇世紀半ばまで

### 一七世紀から一九世紀まで

化学兵器を禁じる国際法の歴史は、管見によれば、一六七五年のストラスブール協定にまで、遡ることができる。この協定はフランスと神聖ローマ帝国の間で結ばれたもので、毒および有毒化した兵器の使用を禁じたことで知られる。

さらにアメリカ南北戦争時にフランシス・リーバーが起草した戦時法典（通称、リーバー法典）でも、毒の使用が禁じられていた（第一六条、第七〇条）。このリーバー法典は、当時のヨーロッパの戦時慣習法を明文化したものだった。それゆえ、この時点ですでにヨーロッパでは、戦時に毒の使用を忌避する国際規範が成立していたと考えられる。

それがいっそう明確になったのが、一八九九年のハーグ陸戦条約である。この条約は、オランダのハーグで開かれた第一回万国平和会議において採択された。その第二三条で、毒および有毒化した武器の使用が禁止される。[*2]

このように毒の戦時使用が禁止される一方、化学兵器に関連する科学技術は、少しずつ開発が進んだ。たとえば、第一次世界大戦で毒ガス兵器として使用された塩素は、一八世紀末に発見された。一九世紀初頭には、イギリスでホスゲンやクロルピクリンといった、のちに化学兵器に使用される化学物質が発見された。もちろん、これらは最初から化学兵器を作る目的で発見されたものではない。

## 第一次世界大戦での変化

化学兵器に関するタブーがはっきりと破られたのは、第一次世界大戦である。そのきっかけをつくった人物は、ドイツの化学者フリッツ・ハーバーである。ハーバーは一八六八年、プロイセンのユダヤ系の家系に生まれた。化学者としてもっとも有名な功績は、空気中の窒素からアンモニアを合成するハーバー・ボッシュ法の開発である。これは農業に必要な肥料の生産に革命を起こす偉大な発見で、これによってハーバーはノーベル化学賞を受賞した。[*3]

その一方、彼はドイツ軍の化学兵器を発展させた負の業績においても、歴史にその名を残した。まず、彼は塩素をガス・シリンダーに充塡《じゅうてん》し、それを戦場で放出する作戦を考案した。考案しただけでなく、そのアイデアをドイツ軍に提案し、実現に漕ぎつけた。[*4]よく知られているように、第一次世界大戦は塹壕を中心に展開されたが、塩素ガスは塹壕の構造にうまく適合した。塹壕は、敵の砲弾から身を守るために掘る穴や溝である。塩素ガスは空気より重いため、風に乗ってこうした穴や溝を埋め、兵士たちを殺害した。

さらにハーバーは、ドイツ軍のために有毒兵器を研究する組織を率い、数多くの科学者らを戦争に協力させた。彼は組織の経営者としても有能だった。その結果、ハーバーは、マスタードガスの実践使用にも貢献した。[*5]

マスタードガスは、眼や呼吸器の粘膜を侵すため、眼やのどの痛み、呼吸困難、嘔吐などを惹き起こす。さらに皮膚に付くことで痒《かゆ》みや痛みを伴う激しい炎症を起こし、水疱や潰瘍を生じさせる。マスタードガスはその後、戦争でもっとも使用される化学兵器のひとつとなった。

これだけドイツ軍に貢献したハーバーだったが、ナチスが政権を掌握すると、ユダヤ系であったことで公職を追われ、イギリスへの亡命を余儀なくされた。彼は失意のなかでその生涯を閉じる。

## ジュネーブ協定から第二次世界大戦

第一次世界大戦で本格的に化学兵器が使用されたが、欧米諸国は戦後、再度これを禁じる努力を始めた。その結果、一九二五年にジュネーブ議定書が成立した。この議定書の正式な名称は、「窒息性ガス、毒性ガス又はこれらに類するガス及び細菌学的手段の戦争における使用の禁止に関する議定書」で、これによって生物兵器などとともに化学兵器の戦時使用が禁止された。ただし、この条約は化学兵器などの開発、生産、保有を制限していなかった。

こうした国際法の進展とは裏腹に、いくつかの植民地帝国が化学兵器の実践的な使用の道を拓いた。一九二一年に勃発したスペイン・モロッコ戦争（リーフ戦争）では、スペイン軍が開戦当初からホスゲンやクロルピクリンを兵器として使用した。一九二四年には、ついにマスタードガスを空爆によって投下した。スペインは、この植民地戦争終結後の一九二九年まで、ジュネーブ議定書を批准しなかった。[*6]

イタリアもまた、植民地戦争で盛んに化学兵器を使用した。一九二二年に始まったリビアの再征服の過程で、イタリアはホスゲンを空爆で投下した。さらに一九三〇年代には、エチオピアなど東アフリカ各地での植民地戦争でも、マスタードガスをはじめとする毒ガス兵器を使用した[*7]。日本もまた積極的に毒ガス兵器を使用したことで知られる。台湾での使用に加え、日中戦争では日本が大量の毒ガス兵器を使用した[*8]。

実践使用に加えて、兵器開発も進んだ。たとえば、ドイツでは猛毒の神経ガスが次々と発明された。神経ガスとは、有機リン酸化合物を含む毒ガスで、皮膚や粘膜から微量を吸収するだけで、短時間で人を死に至らしめる化学兵器の総称である。一九三六年、ゲルハルト・シュラーダーが農業生産を上げるために殺虫剤を開発しようとした結果、偶然、強力な殺傷能力を持つ神経ガス、タブンを開発した。タブンという名は「タブー」に由来する。

さらに一九三八年には、同じく神経ガスのサリンを完成させた。サリンといえば、日本のオウム真理教が引き起こした一九九四年の松本サリン事件や、九五年の地下鉄サリン事件で知られる。ドイツ軍はこうした発明を受けて、これらの化学兵器を大量に生産し、実戦投入する準備を行った。あとは使用許可を得るのみだったが、どういうわけか、ヒトラーは最後まで戦場でこれらの使用に踏み切ることはなかった。その一方で、ナチ・ドイツは、チクロンBと名付けたシアン化水素の殺虫剤を用いて、ユダヤ人を大量虐殺した[*9]。

その後、化学兵器のノウハウはドイツから世界中に拡散する。第二次世界大戦末期、ナチ・ドイツの崩壊とともに、戦勝国はドイツの関係者から化学兵器の情報を収集し、タブンなどの神経ガスの開発に着手した。冷戦が始まると、こうしたドイツ系の化学兵器を大量に生産し、新たな戦争に備えた。

また、イギリスでは新たな神経ガスとしてVXガスを開発した。[*10] 比較的最近のVXガスの使用事例として知られているのが、北朝鮮の最高指導者・金正恩氏の異母兄、金正男の殺害事件である。この殺害の際に、VXガスが使用されたと言われている。これらの神経ガスの生成方法は、冷戦の間にアジア・アフリカの国々へと拡散した。

## 2 イラン・イラク戦争での事実調査

### イエメン内戦

一九六〇年代に入ると、イエメンで内戦が勃発し、そのなかで化学兵器が使用された（第3章参照）。一九六二年、エジプトはこの内戦に軍事介入し、対ゲリラ戦の一環として、爆撃機によって化学兵器を投下する作戦を実行した。当初は催涙ガスを使用する程度だったが、そのうち、ホスゲンやマスタードガスを使用し始める。

エジプトはこの戦争に至る前に、大統領ナセルの指導のもと、化学兵器の開発計画を立て、関係者にソ連で技術訓練を受けさせたり、ナチ・ドイツで開発にあたった西ドイツの科学技術者を雇用したりして、化学兵器の能力を蓄積していた。[*11]

この内戦にはサウジアラビアも介入し、エジプトと対立した。化学兵器の使用は許しがたいとして、一九六三年七月、サウジアラビアは、エジプトがイエメンで化学兵器を使用していると、ウ・タント国連事務総長に提訴した。赤十字国際委員会（ICRC）も独自の調査を行い、エジプトが化学兵器を使用したとして正式に抗議を行った。

しかし、ウ・タントは、国連イエメン監視団（UNYOM）の設置を進めたものの、化学兵器問題への直接の対応は避けた。[*12] 結局、国連が化学兵器に関する事実調査を行うことはなかったが、一九六九年、ウ・タントは「化学・細菌兵器とその使用の影響」と題する報告書を提出し、化学兵器を禁止するルールづくりの検討を促した。[*13]

## イラン・イラク戦争での使用

国連を中心とする人道ネットワークが、本格的に化学兵器の戦時使用に関する調査を行ったのは、一九八〇〜八八年にかけて起きたイラン・イラク戦争からだった。

この戦争では、化学兵器の使用が大きな問題となり、国連事務総長主導のもとで専門家による事実調査が数度実施された。当時、新冷戦の開始により、米ソの緊張が高まっていたが、国連はそうした大国間の対立の隙間をぬって、化学兵器に関する戦争データの生成に取り組んだ。

イラン・イラク戦争の遠因のひとつとされるのが、一九七九年のイランのイスラーム革命である。一九七〇年代半ば以降、イランでは国王に対する反発が広まった。パリに亡命中のイスラーム指導者ホメイニ師が反政府運動の指導を開始すると、運動はいよいよ王政打倒に向かって進んだ。一九七九年、国王が国外に脱出し、ホメイニ師が帰国すると、ついにイスラーム共和制が成立した。イラクには、イランのイデオロギーや政策が内政に悪影響を及ぼすのではないかという危惧があったとされ、[*14] これ以降、イランとイラクの関係は急速に悪化する。

両国間にはこうしたイデオロギー問題に加え、領土問題も存在した。一九八〇年九月、サダム・フセイン政権下のイラクがイランに侵攻すると、いよいよ本格的な武力衝突が始まった。国連安保理は、すぐに停戦を呼びかける決議を発したが、ほとんど効果がなく、紛争は悪化の一途をたどった。

この戦争で化学兵器を使用したのは、主にイラクの側だった。戦争開始当初、イランはイラクの攻勢に押されていたものの、その後、巻き返し、戦争は完全な膠着状態となった。一九八三年夏、イラクがイランの攻勢によって国内のクルド人自治地域の一部を失うと、イラクは以前から準備していたマスタードガスなどの化学兵器をイランの部隊に向けて使用した。[*15] 彼らはこれ以後、たびたび、化学兵器を使用し続けた。先に述べたように、化学兵器の使用は一九二五年のジュネーブ議定書で禁止されており、イラクの行為はそれに違反していた。

イランは一九八三年一一月、国連事務総長ハビエル・ペレス・デ・クエヤルに、イラクの化学兵器使用問題を取り上げ、専門家による事実調査を行うよう訴えた。デ・クエヤルは、元々ペルーの外交官で、一九八二年に事務総長に就任したばかりだった。デ・クエヤルは事実調査に積極的だったものの、それまで国連が化学兵器の戦時使用に関して事実調査を行った例がなく、安保理がデ・クエヤルの要請に応じることはなかった。[*16] また、このとき、アメリカがレバノンのアメリカ大使館爆破事件をめぐってイランと対立し、イラクと外交上、接近しつつあったことも、問題の争点化を妨げる要因となった。[*17]

## 四人の専門家派遣

一九八四年二月、イラクが化学兵器を大規模に使用すると、西側のマスメディアもこの問題を取り上げ始めた。その結果、イラク側に付いたアメリカも、表向きイラクの化学兵器の使用を非難する声明を出さざるを得なくなる。[*18] そして翌月、デ・クエヤル事務総長は、自らのイニシアティブで、四人の専門家チームをイランに派遣した。[*19]

この四人は、それぞれスウェーデン、スペイン、オーストラリア、スイスから参加した、医療および軍事の専門家である。[*20] 調査の目的は、イランで化学兵器が使用されたか、使用された場合には、いかなる種類の兵器が使用されたかを明らかにすることだった。彼らはイラクでの調査も計画したが、イラク政府からは拒否された。

化学兵器に関する調査方法には、(一) 関係者への聞き取り調査、(二) 化学兵器が使用された疑いのある場所での環境サンプル調査、(三) ミサイルなどの毒性物質の運搬方法に関する物的調査、(四) 被害を受けた患者や遺体の医療調査(たとえば、症状の分析に加えて、血液や尿の分析) などがある。これらのデータがすべて集まることで、どういった化学物質が、何によって、いつ運ばれ、誰にどのような被害を与えたのかが判明する。一九八四年の国連の調査団もこれらの調査方法をイランで実施した。

言うまでもなく、これらの調査をすべて四人の専門家だけで行うのは困難である。たとえば、サンプル調査ひとつをとってみても、研究機関で化学物質の分析を行う必要がある。当時、国連にそのような施設があるわけではなかった。この調査では、採取した物質をスウェーデンの防衛研究機関（FOA、現在の防衛研究所）とスイスのAC研究所に送り、そこで分析を行った。[*21] このように化学兵器に関する事実調査でも、グローバルな専門機関のネットワークが不可欠である。

一九八四年三月二一日、専門家チームは、イランでの聞き取り調査、サンプル採取調査、ならびに被害者の臨床検査などの結果を、事実調査報告書として国連事務総長に提出した。報告書は、イランの調査地域でマスタードガスやタブンといった化学兵器が、空爆を通じて使用されたと結論付けていた。しかし、イラク軍が使用者かどうかについては調査の管轄外とし、触れなかった。[*22] 一般的に言って、化学兵器の戦時使用の問題では、使用者の明示や法的責任がもっとも政治的な論点であるため、事実調査では取り扱わないことが多い。

イランは、国連人権委員会でも化学兵器の使用を争点化しようとした。国連には国際人道法の監視を恒常的に行う組織がなく、その機能を事実上、国連人権委員会が担いつつあった。しかし、この試みは、イラクを支持するアメリカによって阻止される。[*23] 他方、安保理では、イギリスとオランダがイラクの化学兵器の使用を非難する決議を発出すべく動き、三月三〇日の安保理議長声明につながった。ただし、この安保理議長声明でもイラクを名指しすることはなく、化学兵器の使用を非難するだけにとどまった。[*24]

### イラクによる大規模使用

一九八六年二月、イランの攻勢でイラクの領土だったファーウ半島が占拠されると、それに対抗すべく、イラクが化学兵器を大規模に使用した。これを受けて、デ・クエヤル事務総長は再度、初回調査と同じ四人の専門家チームを派遣した。三月七日、報告書が事務総長に提出され、そこで初めてイラク軍による化学兵器の使用が公に認められた。新たにイラク軍兵士の捕虜の証言が得られたことなどがその根拠となった。[*25] イラク政府は、イラク軍兵士も化学兵器の被害を受けていることから、イラン軍による使用を主張したが、認められなかった。[*26] これを受けて、三月二一日の安保理議長声明でもイラク軍が名指しで非難された。[*27] これに対して、イラクは国連の姿勢があまりにもバランスを欠いているとして強く反発した。[*28]

一九八七年四月、イラク軍はイランならびにイラク国内のクルド人居住地を狙って化学兵器を大規模に使用し、八八年の停戦まで続いた。クルド人とは、イラン、イラク、トルコにまたがる山岳地域に住む、クルド語を話す人々のことを指す。クルド人勢力がイラン・イラク戦争でイラン側について攻撃を行ったことを受け、イラクはクルド人を化学兵器によって攻撃した。これは軍隊のみならず、民間人を意図的に標的とする攻撃だった。

デ・クエヤル事務総長は再度四人の専門家チームを派遣した。この調査ではイランに加えて、イラクでも現地調査を行うことができた。報告書では、イランの民間人への化学兵器の使用が指摘されたが、[*29] イラク国内のクルド人被害については、国内問題であることからジュネーブ議定書の範囲外とされ、報告書には記載されなかった。[*30] アメリカはイラクを非難しつつも、イランもまた化学兵器を使用していると主張した。[*31]

その後も、イラク北部のクルド人被害については、イラクやトルコの反対もあって、国連が事実調査を行うことができなかった。そこで国連に代わって、NGO「人権のための医師団（PH

R）」が調査を行った。一九八八年一〇月、PHRはトルコに三人の医師を派遣し、難民キャンプで化学兵器攻撃に関する聞き取り調査ならびに医療調査を行った。調査ではビデオ撮影も行い、映像証拠も残した。調査の結果、一九八八年八月二五日にイラクの航空機がイラク北部のクルド人の村落を、毒ガスを充塡した爆弾で攻撃した、と結論付けた。[*32]

## 調査の制度的発展

こうした一連の出来事をきっかけに、国連では事務総長による化学兵器問題の調査権限が制度化される。一九八七年一一月、国連総会で決議四二／三七Ｃが採択され、八八年八月には安保理で決議六二〇が採択された。これらの決議によって、事務総長が化学兵器の使用可能性を示す報告を受けた場合、自らの判断で事実調査を行うことができるようになった。四半世紀後、これらの制度に基づき、シリア紛争で化学兵器の調査が行われることになる。

なお、イラン・イラク戦争でアメリカがイラクによる化学兵器の使用を許したことで、湾岸戦争では、その災いが自らにも降りかかった。

一九九〇年八月、イラクがクウェートに侵攻し占領を開始すると、国連安保理はイラクの撤兵決議を発出したが、イラクはこれに応じなかった。そこで一九九一年一月、アメリカを中心とした多国籍軍が安保理決議に基づき、イラクに対する攻撃を開始する。このとき、アメリカはイラクが化学兵器によって対抗してくることを恐れ、その対策に追われた。結果的にイラク軍は化学兵器を使用することはなかったものの、化学兵器の問題が途上国間の紛争に限らないことが明らかになった。[*33]

一九九一年五月、国連はイラクの武装解除を監視、推進すべく、国連大量破壊兵器廃棄特別委員会（UNSCOM）を設立した。

化学兵器の開発、生産、貯蔵および使用を禁止する条約の多国間交渉も、イラン・イラク戦争と湾岸戦争を受けて活発化した。交渉自体は一九八〇年代からすでに国連軍縮委員会で始まっていたが、二度の戦争を経たことで、アメリカをはじめとする諸大国がようやく本気になったのである。

一九九二年一一月、国連総会で「化学兵器の開発、生産、貯蔵及び使用の禁止並びに廃棄に関する条約」（化学兵器禁止条約）が採択され、その五年後に発効した。それに伴い、化学兵器禁止機関（OPCW）が設立され、この組織がその後の化学兵器問題の事実調査を主に担うことになる。

## 3　シリア紛争の混迷——調査方法・データをめぐる論争

### 化学兵器の調査をめぐる論争

化学兵器に関する調査を行う人道ネットワークができ上がった。しかし、人道ネットワークによるデータがいくら科学的に耐久性の高いものであっても、化学兵器に関するデータ、特に使用に関するデータは、きわめて政治的なものだ。そのため、しばしば大きな論争を引き起こす。化学兵器の使用について様々なデータが入り乱れて飛び交い、混乱を引き起こしたのが二〇一一年に発生したシリア紛争である。

二〇一一年三月、シリアの主要都市で、アサド政権に対する平和的な抗議運動が起きたが、治安部隊が運動の広がりを押さえようと、数十人もの市民を殺害した。抗議運動はさらに拡大し、最終的に体制派と反体制派の武力衝突に発展する。紛争が激化すると、化学兵器によるとみられる被害が各所で発生した。これがアメリカの軍事介入を招く可能性があったことも手伝って、世界中が化学兵器の使用をめぐるデータに振り回されていく。

シリア紛争では化学兵器の使用に関する調査が何度も行われたが、ここでは特に化学兵器使用に関する調査方法およびデータをめぐって論争が起きた事例に絞って分析を行う。

## 二〇一二年七月、化学兵器所有の公表

シリア政府は一九八〇年代から化学兵器の開発を行っていた。一九九一年のアメリカの情報機関の分析によれば、おそらくシリアはこの時点で神経ガスのサリンを充塡した爆弾を保有していた。[*34] そのため、二〇一二年七月に、シリア政府が会見のなかで化学兵器の所有を認め、それを外国からの軍事介入に対して使用する可能性があるとしたことは決して驚くべきことではなかった。[*35]

化学兵器の使用が重要な争点になったのは、アメリカの軍事介入がそれと結びつけられたことによる。シリア政府の会見からおよそ一ヵ月後、アメリカのオバマ大統領が、アサド政権による化学兵器使用は「レッドライン（越えてはならない一線）を越える」と発言したからだ。しかし、この発言はまったく抑止効果を持たなかった。

人権理事会が設置した独立国際委員会は、二〇一三年二月に調査報告書を発表した。報告書はシリアでの化学兵器の使用は確認されていないとしたが、[*36] そのわずか一ヵ月後には、アレッポの近隣

にある都市カン・アルアサルで化学兵器の使用が伝えられた。[*37] のちの国連の報告書によれば、この事件で二五人が死亡し、一一〇人が負傷した。[*38]

さらに四月末にもイドリブ県のサラキブ地域で化学兵器が使用されたとの報道が出た。[*39] 六月半ば、オバマ政権は、これらの事件がレッドラインを越えるものとする見方を表明したが、軍事介入についてはまだ不透明だった。[*40]

国連による調査は、三月のカン・アルアサルでの事件が発生したことを契機として始まる。同月、潘基文国連事務総長は、この問題を受けて、シリアでの化学兵器問題に関して独立の調査チームをつくることを決定した。前節で述べたように、一九八〇年代のイラン・イラク戦争の結果、事務総長は独自の調査権限を持っていた。さらに二〇〇〇年代半ばから、研究機関のグローバルなネットワークを構築するなどして、事務総長による化学兵器問題の調査能力はさらに強化されていた。[*41] その意味で、シリアでの調査は満を持して取り組まれたと言えるかもしれない。

調査の責任者には、国連軍縮問題上級代表のアンジェラ・ケインが据えられるとともに、世界中の化学兵器の専門家が集められ、調査チームが発足した。チームリーダーは、スウェーデンの化学兵器の専門家であるオーケ・セルストロムが務めた。セルストロムは、国連大量破壊兵器廃棄特別委員会（UNSCOM）の査察団委員長を一九九四〜二〇〇〇年にわたり務めた専門家だった。[*42]

しかし、調査は思うようにいかなかった。活動を開始してから、しばらくの間、シリア政府の協力が得られず、現地での調査ができないまま、時間だけが過ぎていった。六月に入り、チームはサラキブ地域の攻撃で死亡した女性の遺体をトルコで検死できる機会を得た。これで、ようやく、最初の死者データを収集することができた。分析の結果、調査チームはその死が化学兵器サリンによるものと結論を下した。[*43]

## グータへの化学兵器攻撃の認定

具体的な証拠が挙がって間もなく、シリア政府が調査チームの受け入れを表明した。WHOやOPCWなどの関係者、さらにセキュリティの専門家などから構成された総勢二〇名のスタッフが、八月一八日、レバノンから陸路でダマスカス入りを果たした。それからしばらくの間、再び調査チームはシリア政府に足止めされた。ところが、二一日未明、調査チームの滞在にもかかわらず、ダマスカス近郊の町グータで、大規模な化学兵器による攻撃が起き、状況が一変した。一時的に停戦が合意されると、ついに現地での調査が実現する。[*44]

グータの事件を受けて、いよいよアメリカ政府はシリアへの攻撃準備に着手した。けれども、攻撃の実施には国連の調査チームの出国が必要だったことから、アメリカ政府は国連に退去を求めた。しかし、潘事務総長は、調査の継続と完遂の必要性を主張し、調査チームの活動を擁護した。アメリカ政府は国連に圧力をかけたものの、最後には譲歩し、調査は継続する。[*45]

調査チームは、政府側ならびに反体制側双方からの脅迫や圧力をかいくぐり、複数の都市で生存者や目撃者のインタビュー、環境サンプルの採取、生存者の臨床検査などを実施した。[*46]この環境サンプルの分析を例にとってみれば、OPCWの科学的分析過程が、非常に厳密な手続きのもとで実施されていることがわかる。調査チームによって収集されたサンプルは、国連の監視のもと、オランダのレイスウェイクにあるＯＰＣＷの研究所に送られた。そこでサンプルは分類、整理され、ＯＰＣＷ指定の複数の研究施設に送付され、規定に沿って分析が行われた。[*47]

こうして作成された最初の報告書が、二〇一三年九月一六日に発表された。報告書は、八月二一日のグータでの事件で化学兵器サリンが使用された、と結論付けた。けれども、使用者や法的責任の所在は管轄の範囲外であるため、明示しなかった。[*48]

ところが、報告書の補足資料をよく読むと、専門的な知識を持っている人間から見れば、シリア政府の責任を示唆しているようにも解釈できた。

たとえば、化学兵器を運んだロケットの分析では、発射したと推測される方角を割り出しており、地図上、その方角にはシリア政府の軍事拠点があった。[*49]ただし、この報告書には地図が記載されておらず、直前に公表されたヒューマンライツウォッチの報告書などにある地図と照らし合わせることで、ようやく、その意味が理解できるようになっていた。

また、使用された化学兵器の分析結果では、シリア独自のサリンの生成方法で用いられる、ヘキサメチレンテトラミンが検出されたことを明らかにしている。[*50]これもサリンの生成方法について多少理解しているものならその意味がわかるが、そうでなければ、ただの分析結果のひとつに過ぎない。

### シリアへの非難とロシアの仲介

このグータの事件については、各所からシリア政府を非難する声が上がった。ＯＰＣＷの報告書が発表される直前、ヒューマンライツウォッチは、グータについての報告書を発表し、化学兵器を使用したのはシリア政府であり、反政府勢力による可能性はほとんどないとした。[*51] その根拠は、使用された武器がシリア政府軍のみが使用していた種類のものだったこと、撃ち込まれた場所が反政府勢力の支配地域だったこと、さらに発射したと推定される範囲に政府軍の支配地域が存在したこと、攻撃のパターンがこれまでの政府軍のそれと一致していることなどを挙げていた。

アメリカもまた独自に収集した情報に基づき、シリア政府の責任を追及した。[*52] こうした非難に対して、アサド大統領はアメリカのテレビ局のインタビューに答え、グータの事件における化学兵器使用の責任を全面的に否定した。[*53]

シリア政府は化学兵器を使用したのか、また、仮に使用したとして、どのような法的責任があると言えるのか。この時点で、シリアはまだ化学兵器禁止条約の批准国ではなかったが、ジュネーブ議定書の批准国ではあった。問題はシリア紛争が内戦だということである。ジュネーブ議定書は内戦による化学兵器の使用をカバーしていない。[*54] しかし、二〇一三年九月、国連安保理は決議二一一八を採択し、化学兵器の使用を国際法違反と見なした。これは慣習法に照らした判断と解される。[*55]

しかし、事態は思わぬ方向で収束した。ロシアがシリアの化学兵器を廃棄する案をアメリカに提案し、それをアメリカが受け入れたのである。その結果、シリア政府は化学兵器を廃棄することで合意した。[*56] その後、シリアは化学兵器禁止条約を批准し、化学兵器廃棄の作業が開始された。その結果、アメリカによる武力介入の可能性も消失した。

他方、OPCWの調査チームは追加調査を行うなどして、二〇一三年一二月、グータをはじめとする各地域での化学兵器使用に関する最終報告書を発表した。[57] しかし、ここでもシリア政府の責任を問うことはなかった。

## シーモア・ハーシュらの報告書批判

ところが、この事件をめぐる論争はまだ続く。世界的に有名なアメリカのジャーナリストであるシーモア・ハーシュが、シリア政府は化学兵器を使用していない、本当の犯人はトルコの支援を受けた反政府勢力であると主張したのである。

ハーシュは、ベトナム戦争でのソンミ村虐殺事件を暴露したことでピューリッツァー賞を受賞した経歴を持った人物である。それだけに、彼の記事は大きな話題を呼んだ。

では、具体的にどういう内容が書かれていたのか。ハーシュによれば、イギリスの情報機関がシリアで使用されたサリンのサンプルを入手し分析したところ、シリア軍のものとは一致しなかったという。さらに、代表的な反政府勢力であるヌスラ戦線がサリン生成能力を持ち、グータの事件はヌスラ戦線か、あるいはトルコがシリア政府の責任に見せかけるために起こした事件だというのである。[58] これらの主張の根拠は、ハーシュが関係者から得た証言とされた。

さらに、このハーシュの主張を支持するかたちで、一部の専門家がヒューマンライツウォッチなどの分析結果に異を唱えた。その専門家は、リチャード・ロイドとセオドア・ポストルだった。ロイドは、一九九九年にイラクの大量破壊兵器の破棄を監視するために設置された、国連監視検証査察委員会（UNMOVIC）の検査官を務めた人物で、ポストルはマサチューセッツ工科大学の研究者だった。

彼らによれば、サリンを運んだとみられるミサイルの飛行範囲は、ヒューマンライツウォッチなどが指摘するデータよりも短いと計算でき、シリア政府の支配地域から発射されたものではない可能性があるとのことだった。[*59]

### ベリングキャットの再反論

これに対して再反論を展開したのが、ヒューマンライツウォッチでもOPCWでもなく、ベリングキャットという非政府組織だった。ベリングキャットの創設者は、エリオット・ヒギンズというイギリス人で、元々はオンラインゲーム好きのどこにでもいるような一般市民だった。ところが、インターネットでリビア紛争について調べ始めたところ熱中し、今ではインターネット上に公開されているオープンソースから、武力紛争に関わる様々な事実を確定する非政府組織の代表者として、世界的に有名な人物となっていた。

ベリングキャットは、一般市民の有志が参加する情報組織である。特定の団体の支援を受けているわけではない。ヒギンズ自身はベリングキャットを「ふつうの人のための情報機関」[*60]であると紹介している。彼らは（政治的な）自由主義や民主主義を擁護する傾向が見られるものの、ウィキリークスのような、あらゆる情報を公開すべきとする極端な公開主義には与しない。[*61]

ベリングキャットの業績としてもっとも知られることになるのは、翌二〇一四年七月に起きたマレーシア航空機撃墜事件に関する活動である。ベリングキャットは、オープンソースの徹底的な分析から、この撃墜を惹き起こした犯人がロシア軍であることを突き止め、証明した（その結果、ロシアから目の敵にされてしまった）。そのベリングキャットが注目されるきっかけとなったのが、このシリア紛争に関する調査だった。

彼らはインターネット上にある動画サイト、SNS、地図などの無数の情報を駆使し、反政府勢力が使用している武器の来歴など、紛争に関して報道されていない事実を次々に確定していった。[*62]ヒギンズらは、イギリスの高級紙である『ガーディアン』紙上で、ハーシュの主張は穴だらけだと指摘した。問題のミサイルの射程範囲だが、親ロシア派のメディアであるANNAニュースの報道を分析したところ、シリア政府軍は化学兵器を発射した日までに、二キロメートル範囲の地域を反政府勢力から奪還していたことが判明した。それゆえ、仮にこの射程範囲が正しいとしても、シリア政府軍の責任である可能性は否定できない。

さらに、ヌスラ戦線がトルコの支援でサリンをアレッポで製造したとのハーシュの指摘について、サリンはそう簡単に製造できるものではなく、巨大な施設やロジスティクスが必要になるが、ハーシュはそれについて論じていない、と反論した。[*63]

## 確かなこと、不確かなこと

いったい、どちらの主張が正しいのか。シリア政府軍がサリンをミサイルで打ち込んだのか、それとも、反政府勢力がシリア政府軍の仕業に見せかける作戦（偽旗作戦）を行ったのか。

専門家の議論は非常に細かいテクニカルなものになり、にわかに判断がつかなくなった。その一方で、ある論者が指摘するように、西側の主要なメディアは、グータの事件からシリア政府犯人説を積極的に採用していた。[*64]

ここで、これまでの（英語圏の）論争を整理すれば、少なくとも確かなのは、シリアで神経ガスのサリンが使用されたという点である。これについて科学的に耐久力のある反論は、いずれからもなされていない。OPCWの分析手続きは厳密で、それを掘り崩すのは困難である。

では、犯人についてはどうか。OPCWの権限では犯人を特定することができないため、ほとんど何も語っていない。先に紹介した論争のなかでは、ヒューマンライツウォッチやベリングキャットが提示する根拠は、完全に論破されてはいない。その意味で、グータの事件に関しては、シリア政府が犯人である可能性が有力と判断できるだろう。しかし、偽旗作戦説がまったくありえないかと言えば、そうとも言い切れない。あくまで、議論と根拠から判断して、どちらが有力な説かということである。

## 二〇一八年のドゥーマでの事件

二〇一四年、再びシリア紛争での化学兵器の使用が報告されると、一五年に国連とOPCWの共同調査メカニズムが設置された。そして、二〇一四～一六年にかけて、シリア政府やイスラーム国（ISIL）による化学兵器の使用を報告した。[*65] しかし、アメリカによる介入の可能性はほとんどなくなり、化学兵器の問題は国際社会の大きな争点ではなくなっていた。シリアへの関心が薄れていくなか、二〇一八年にドゥーマで起きた化学兵器事件により、突如、戦争データの生成構造に関心が集まった。

二〇一八年四月七日の午後、ドゥーマで化学兵器が使用されたという報告がSNSなどで数多く流れた。その日の夜、シリア政府軍などによる攻撃が行われ、四〇〜七〇人ほどが死亡する。反政府勢力がシリア政府軍の化学兵器使用を非難する一方で、シリア政府は使用を否定した。その後、シリア政府の合意のもと、OPCWの事実調査チームの派遣が決定した。[*66] アメリカ、イギリス、フランスはこの事件の犯人がシリア政府であると考え、四月一三日、シリア政府の化学兵器関連施設に対する大規模空爆を実施する。

シリア情勢の悪化が問題となるなか、OPCWは事前にインターネット上の情報の信憑《しんぴょう》性を検討し、信頼に足ると判断した情報に基づき、九名の査察官と二名の通訳のチームを現場に派遣し、調査を実施する。[*67] これまでの事例と同様、OPCWは厳密な手続きに則ってサンプル調査などを行った。一連の調査の後、OPCWは二〇一八年七月に中間報告を、翌年の三月、最終報告書を発表した。

OPCWは最終報告書のなかで、現場での調査では有機リン系の神経ガスの痕跡は発見されず、見つかったのは塩素ガスに関係する物質だったと指摘した。この報告書は非常に慎重に議論を行っており、塩素ガスが使用された事実については、サンプル調査上の決定的な証拠があるとは述べていない。あくまで、医療調査の分析結果などと併せて、その可能性がもっとも高いと結論している。[*68]

彼らが物的証拠として注目しているのが現場二ヵ所でそれぞれ発見されたシリンダーで、これらが高所から落下したのち、塩素ガスを放出したのではないかと推論していた。シリンダーによる塩素ガスの放出は、第一次世界大戦でのドイツの攻撃を想起させる古典的な手法である。事実調査チームは、シリンダーの歪《ゆが》み方などから、シリンダーがどのような速度と軌跡で落下し、建物を損壊させたのかコンピュータ・モデリングなどを用いて計算し、それを根拠とした。[*69] OPCWの結論は、あくまで何が起きたかだけで、その犯人が誰なのかについては論じていない。

## 内部告発と反駁

この報告書がにわかに注目を集める。そのきっかけがOPCWの内部告発者の登場だった。

二〇一九年五月、英米の研究者やジャーナリストによって構成された「シリア、プロパガンダ、メディアに関するワーキンググループ」が、OPCWの技術系スタッフ（のちにイアン・ヘンダーソンと判明）の報告書（日付は二〇一九年二月）を公開した。[*70] この報告書は、現地調査の分析結果からは、二つのシリンダーが航空機からそれぞれの場所に投下されたという事実は確証されておらず、むしろ、それらは誰かが意図的にその場に置いたのではないか、つまり、偽旗作戦ではないかと指摘していた。[*71]

ヘンダーソンに加えて、さらにもうひとりの技術系スタッフ（のちにブレンダン・ウィーランと判明）が告発に動いた。二〇一九年一一月から一二月にかけて、ウィキリークスがOPCWの組織内メールなど、四点の機密情報を公開した。そのメールは、二〇一八年六月にウィーランがOPCWの高官宛に出したもので、現場での科学技術的分析の結果が中間報告書に反映されていない、と抗議するものだった。彼の主張によれば、塩素ガスに関連した物質は、環境サンプルから高いレベルでは見つかっておらず、被害を受けたとされる患者らの症状も一致しない、ということだった。[*72]

一一月末、ウィーランはブリュッセルで開かれた公聴会に招かれ、証言を行った。この公聴会には、リチャード・フォークなど、名だたる国際法や軍備管理の専門家が参加した。そこでウィーランは、塩素ガスの証拠は十分に見つかっていなかったと証言するとともに、報告書の作成に際して、調査チームにはOPCWの高官を通じてイギリスやトルコなどから政治的圧力がかかった、と主張した。[*73]

こうした内部告発に対して、OPCWは真正面から科学的な反論をすることは、ほぼなかった。その代わり、この二人がOPCWの調査チームの中核メンバーではなかったことと、彼らの行動が機密情報管理の規則に違反するものだったことを主張した。OPCWに代わって、告発者二人の主張を科学的に検証し、反駁したのが、やはりベリングキャットだった。彼らは自らのサイト上で、詳細な検討結果を発表する。

ベリングキャットは、まず塩素ガスが現場で使用されたとあらためて主張した。そもそもシリア紛争では塩素ガスが何度も使用され、様々なNGOの調査の結果、それがシリア政府によるものだと認められている。他に使用が認められたのは、イスラーム国のみである。

ウィーランは塩素が日常生活でも使用されることから、シリンダーの見つかった部屋でその痕跡が低いレベルで発見されても証拠にならないというが、OPCWの調査によれば、塩素ガスが兵器として使用された場合に想定されるレベルの痕跡が発見されている。また、あらゆる壁や瓦礫から発見された以上、それは日常生活で発生しうるものではない。シリンダーの下に高い濃度の塩素が発見されたことや、事件後に付近の金属が塩素と化学反応していたことも、重要な証拠であるとした。[*74]

ヘンダーソンのシリンダーに関する指摘についても、投下高度の計算や建物の損壊部分の形状などの分析に問題があるとした。さらに、誰かが作為的にシリンダーを設置したという主張には何ら根拠がないと指摘した。[*75]

### シリアによるのか、反政府勢力によるのか

果たして、シリア政府軍は塩素ガスを充填したシリンダーを投下したのか。それとも、反政府勢力が偽旗作戦の一環として行ったのか。

偽旗作戦の主張は、要するに反政府勢力がシリア政府の毒ガス作戦をでっち上げ、それによってイギリスやアメリカによる空爆を惹き起こした、とするものである。他方、OPCWの主張は、あくまで何が起きたのかについて推論しているのみで、犯人が誰であるかについては論じていない。

結局、一連の議論からは、偽旗作戦である根拠はほぼ見つかっていない。また、何らかの毒ガスが使用され、被害者が発生したという事実も根本から覆っていない。その点で、OPCWの最終報告書に科学的な耐久性がないとは考えられない。

他方で、OPCWが告発者の議論に直接反駁しなかったことは、OPCWへの疑念を少し悪化させることにつながったかもしれない。ベリングキャットが代わりに反駁したのは、一見すると、やや奇妙な構図だった。しかし、それは同時に、ベリングキャットが（少なくともシリアの化学兵器問

題では）ＯＰＣＷや人権ＮＧＯから構成される人道ネットワークの一部として機能していることを示す事例だったとも言える。

以上のように二〇一八年のドゥーマの事件は、ＯＰＣＷの権威に関わる重大な問題を提起したものの、西側の主要メディアはこの件に深く立ち入っておらず、ＯＰＣＷの事務局長の動静を伝えるにとどまった。[*76] 主要メディアは、ＯＰＣＷに関する告発が重大なものとは判断しなかった。その意味で、この内部告発事件は、人道ネットワークの社会的信頼性に対してインパクトのある論争にはならなかった。

＊

戦争での化学兵器の使用は、国際社会のタブーだが、第二次世界大戦後の戦争でも、実戦使用されてきた。イラン・イラク戦争がまさにその代表例だが、この戦争によって化学兵器を調査する人道ネットワークが一気に発展した。

化学兵器禁止条約の締結、それに伴うＯＰＣＷの設立は、戦争データの生成において非常に重要な出来事だった。しかし、シリア紛争の事例で明らかになったように、化学兵器の使用に関するデータはきわめて政治的で、ＯＰＣＷを含む専門家のネットワークであっても、その政治的闘争を避けることはできなかった。

科学的耐久性の高いデータを出しても、それに対する反論は数限りなく湧き出してくる。アカデミアの論争ならまだ平和的だが、戦争の場合には空爆などの武力行使が伴う以上、データの内容いかんでは、さらなる犠牲者を生む可能性がある。戦争に関する科学的論争は、しばしばインターネットを主要な戦場としたが、そこで活躍したのがベリングキャットだった。しかし、ベリングキャットが正義の味方とも限らないし、無謬なわけでもない。彼らは、あくまでオープンソースに基づいて科学的事実を検証する市民団体である。それ以上でも、それ以下でもない。

化学兵器をめぐる真実は、常に霧のなかにある。私たちはその霧のなかで、どれだけ目を凝らすことができるだろうか。そのためには、化学兵器に関するデータが誰によって、どのような手続きで調査、公表されたのかを慎重に検討するしかない。

終章　戦争の実像を知りえないとしても

本書は、誰がどのように戦争のデータをつくってきたのかを記し、分析してきた。あらためて、戦争データの生成構造について振り返ってみよう。序章では前提として、国際政治に関するデータは、しばしば不確定だったことを述べた。たとえば、「冷戦後の戦争では、死者の八割（あるいは九割）が文民である」と、様々な研究者や実務家が論じたものの、それを根拠づけるデータは不明確だった。

データの不確定性に対して、本書は批判的機能主義というアプローチを提示し、データを真か偽かという二分法で判断する思考法を相対化すること、つまり、データに科学的耐久性や社会的信頼性がどの程度あるのか、どういった機能を担っているのか考えることを提唱した。

そのうえで、戦争データがどのように生成されているのか、構造を分析すること、そして、見取り図を描くことを試みた。それでは、本書が描いた見取り図をあらためて見てみよう。

## 二つの認識フィルター

本書は、戦争のデータが二つの認識フィルターを通じて生成されている、というモデルを提示し、それに沿ってデータの生成構造を説明した。

ひとつは、国際規範というフィルターである。たとえば、戦死者保護規範がそれにあたる。戦死者保護規範とは、戦争では戦死者を無下《むげ》に扱ってはならず、遺体の保護や情報の管理が交戦国の義務である、とする考え方である。第1章で分析したとおり、これは兵卒であっても、その死がどういうものだったか説明する義務が国家にあるとする規範がもとになっている。戦死者保護規範は一九世紀から二〇世紀にかけて醸成され、明文化に至った。さらに第2章で見たとおり、戦死者保護規範の明文化の後、文民保護規範が一九四九年のジュネーブ諸条約のなかで明文化され、いくつかの条件付きで文民を「殺してはならない人間」として構成した。こうした規範が戦争データの内容を規定した。たとえば、文民の死者数を数える国連やNGO、また、その情報を報道するマスメディアは、こうした規範に基づいて情報を取捨選択している。

もうひとつの認識フィルターが科学的過程である。

本書では、第4、5、6章でそれぞれ統計学的分析、法医学的分析、化学的分析といった領域を取り上げた。そこでは、専門家がグローバルな人道ネットワークを形成し、国際人道法の違反に関する科学的データを生成していることを明らかにした。

本書で何度も述べたように、科学的な分析には、様々な専門家や専門機関の力が必要で、国連だけで担えるものではない。そのため、科学的に耐久性のある戦争データを生成するには、世界中の専門機関や専門家をつなげるネットワークが必要である。こうして生成された科学的データは、高度な専門知によって基礎づけられ、時には国際刑事裁判の証拠として利用された。ただし、高度であるがゆえに、それは一般市民の理解が及ばない難解な内容になることがしばしばだった。

## 二種類のアクター

また本書は、戦争データの生成構造の分析において、二種類のアクターに着目した。ひとつは主権国家であり、彼らこそ戦争データの主要な生成アクターだった。もうひとつが人道ネットワークで、本書が集中的に分析したのは、このアクターだった。

人道ネットワークは、人権NGO、国際組織、科学的専門機関などが、国際人道法や人権法の違反行為を調査するなどの目的で結びつき、形成したものだった。彼らの戦争データは、しばしば国際法に違反した主権国家を名指しし批判することを目的とし、人道法違反の行為を停止するための圧力をかける狙いがあった。

第2、3章で明らかにしたように、一九四九年に成立したジュネーブ諸条約は、当初、その履行を監視する制度がほぼ存在しなかった。それゆえ、国家による人道法違反は事実上、野放しと言っても過言ではない状況だった。しかし、一九七〇年代以降、人権侵害を調査し告発するNGOが徐々に出現すると、グローバルなネットワークを形成しながら、人権法とともに国際人道法の違反についても調査、告発するようになった。

そうした人道ネットワークが急速に発展したのが一九八〇年代の中南米の紛争だった。第3章では、具体的な事例として、エルサルバドル紛争とヒューマンライツウォッチの誕生について検討した。ほかにも、法医学を専門とする「人権のための医師団（ＰＨＲ）」も、アルゼンチンの「汚い戦争」との闘いを通じて結成された。

国連もまた、一九六〇年代以降、人権侵害とともに人道法違反を調査する制度的機能を少しずつ備えていった。その機能を主に担ったのが国連人権委員会である。その初期の事例が第三次中東戦争に伴う被占領地の問題だった。さらに国連は、国連人権高等弁務官事務所（ＯＨＣＨＲ）の設立、人権委員会から人権理事会への改組などで、人道法違反を調査する能力を増した。

そして、国際人道法の履行という点から見ると、国際刑事裁判所の設立がきわめて重要な出来事だった。これによって人道法違反の法的責任を法廷で追及する道が拓かれた。また、これとは別に、化学兵器の使用に関する調査メカニズムも一九八〇年代以降に発展した。

### 戦争データの種類

こうした構造を通じて生成された戦争データとして、本書は、戦争での死者数（特に文民死者数）、犠牲者の属性および身元、死因、使用された兵器（特に化学兵器）を取り上げた。

いずれのデータでも、何より重要なのが、関係者の証言や報告だった。死者は自らを語ることができない。そうである以上、まず死者の情報を伝えるのは死者を知る生存者である。彼らの証言や報告が集まることで、死者・行方不明者の名簿をつくることができる。名簿ができあがることで、「多重システム推算法（ＭＳＥ）」の適用や、法医学調査データとの対照が可能になった。また、化学兵器使用の調査でも、現場にいた生存者の証言が重要な根拠となった。

しかし、証言や報告を集めるのは簡単ではない。時間と労力がかかることはもちろん、収集活動を行う現地のＮＧＯなどの組織は、様々な危険を冒して、そうした活動を行っている場合が少なくない。戦争データの生成を根元で支えるのは、こうした地道な情報収集活動である。

けれども、現地のＮＧＯによる情報収集活動だけでは、国際的な情報発信が難しい。科学的耐久性に問題がある場合もある。証言や報告には間違いや重複があり、それだけでは見えない犠牲者が存在するかもしれない。そこで機能するのが、グローバルな人道ネットワークだった。人権ＮＧＯや科学者、さらには国連の人権関連組織の関係者らが、現地のネットワークとつながることで、科学的耐久性を備え、人権や人道法に則した戦争データが生成され、メディアを通じて世界中に発信されてきた。

これとは逆の性質のものがフェイクニュースである。たとえば、ロシアではインターネット上の情報を攪乱するためのニュースを生成する「トロール（荒らし）工場」があると指摘されている。[*1]ほかにも世界各地で、科学的耐久性を備えない情報が生成、発信されている。これは人道ネットワークを通じて発信される情報と真逆の性質を備えている。すなわち、科学的耐久性は著しく低いが、事実の確定を妨げたり、事実を誤認させたりする機能を持った情報である。

### 三つの指標

さらに本書は、巷間に流布する戦争データの特徴を捉えるための指標として、科学的耐久性、社会的信頼性、データの機能という三つを提示した。

本書が分析した人道ネットワークは、様々な戦争の調査を通じて、科学的耐久性の高いデータを生成する能力を発展させてきた。戦争死者数のデータには統計学の手法が応用され、死者の身元や死因の調査では、厳密な法医学的知識に基づく分析が行われた。さらに化学兵器に関する調査では、科学的ルールに則った分析手続きが遵守された。もちろん、いずれの戦争データも批判がなかったわけではない。特に化学兵器に関しては、専門家による激しい論争が起きた。しかし、その論争もデータの科学的耐久性を高める機能を果たした。

他方、社会的信頼性は大きな問題だった。戦争での死者数は、時に現地の政治社会的利害と対立し、死者の身元や死因の調査では、遺族が求めるものとのズレが軋轢《あつれき》を生んだ。化学兵器をめぐっては、その使用者の責任に関連して、政治的な論争を巻き起こした。いくら科学的に耐久性があっても、政治社会的対立のなかでは、それだけが説得材料になるわけではない。科学的なデータは専門的で難解なことが多く、しばしば社会的に受容されにくい。

結局、戦争データの存在意義は、その機能性にある。国際刑事裁判での証拠のためのデータ、政治的な物語を支えるためのデータ、遺族の心を癒やすためのデータ。データには様々な目的があり、それぞれに要求される内容が異なる。それゆえ、普遍的にすべてのニーズを満たす戦争データなどというものは、そもそも期待すべきではない。研究者は客観的なデータを追究する。それは職業上、当然だが、政治や社会のニーズと一致しているとは限らないのだ。

本書は、「はじめに」で「わたしたちはデータから本当に戦争の実像を知ることはできるのだろうか」と問うた。ここまでの分析に基づいて考えるなら、わたしたちはデータから部分的にしか戦争を知ることができない、と答えてもいいかもしれない。

戦争のデータは、少なくとも二種類のフィルターを通じて生成される。フィルターは、社会的な意味と科学的耐久性を担保する有用なものである。しかし、それは同時に、戦争の現実を選択的に切り取っていることを意味する。戦争の死者数を知ったからといって、戦争の悲しみをすべて理解したことにはならない。死因の傾向がわかったからといって、戦争の恐怖を体験したことにはならない。科学的に耐久性のあるデータでわかることは、戦争のほんの一部にすぎない。その畏《おそ》れがないデータの分析は、戦争の本質からかえって遠ざかるかもしれない。それはまるでプラトンの洞窟の比喩のような構図である。

しかし、たとえ戦争データを通じて、戦争をボンヤリとしか知ることができないとしても、戦争データに意味がないとは思えない。ハンナ・アレントは、著書のなかで、「一人の人間がかつてこの世に生きていたことがなかったかのように生者の世界から抹殺されたとき、はじめて彼は本当に殺されたのである」[*2]と述べる。命を奪われるだけでなく、記録そのものが消されることこそ、究極の暴力のかたちである。たとえ断片的であれ、誰かが生きていて、そして戦争で命を落としたと記録されることは、その人を最悪の暴力から救う方途になる。

## 語らなかったこと、語れなかったこと

残念ながら、本書は戦争データのすべてを分析できたわけではない。本書は、あくまで戦死者、なかでも文民死者に関連した戦争データに焦点を絞った。具体的には、戦争での死者数、死者の属性および身元、死因、使用された兵器（化学兵器）に関するデータである。

戦争データには、ほかにも重要なものが存在する。たとえば、女性への暴力のデータ、難民に関するデータ、環境への影響に関するデータなどである。これらも戦争を知るために必要なデータである。

また、本書が取り上げた戦争の事例もごく限られたものだ。本書が取り上げられなかった関連事例としては、二〇〇〇年代のダルフールの事例（死者数とジェノサイドをめぐる問題）、同じく二〇〇〇年代のアフガニスタンならびにパキスタンの事例（民間人の巻き添え被害をめぐる問題）などが挙げられる。このアフガニスタンならびにパキスタンの問題については、本書の執筆までにかなりの時間を割いて研究を行ったものの、戦争データの見取り図を描くうえでは、必ずしも必要最低限なものではないと判断し、本書に含めるのを見送った。そもそも、すべての戦争を取り上げるのは不可能であり、取捨選択が迫られる。読者には、本書が提示した見取り図で、他の戦争の事例を分析することを期待したい。

さらに、本書が十分に取り上げられなかった論点が二つある。

第一に、人道ネットワークによる戦争データが、人道法違反の行為に対して、どれほどのインパクトを持っているのか、という論点である。

事実調査は、しばしば名指しし批判することを目的とするが、それがたとえば、民間人の虐殺を止めることにつながるのかどうかは大きな問題である。本書が取り上げた化学兵器の調査（イラン・イラク戦争とシリア紛争）では、抑止力が働いた様子がほとんどなかったが、果たして事実調査全体ではどうなのか。また、本書は、国際刑事裁判の例としてＩＣＴＹ（旧ユーゴスラビア国際刑事裁判所）を分析対象としたが、国際刑事裁判に至る国際人道法違反の事例はわずかであり、裁判の可能性が果たして抑止力につながっているのだろうか。

第二に、デジタル・データが戦争データにどういう影響を与えているのかという論点である。具体的に言えば、市民のツイッターでのつぶやきや、スマートフォンで撮影した動画が、戦争データの生成にどれほどのインパクトを与えているのか、という点はさらなる調査が必要である。たとえば、シリア紛争では、膨大なデジタル・データが市民組織や国際組織によって収集・保管されている。こうした活動を行っている組織として、国際正義説明責任委員会（ＣＩＪＡ）やシリアン・アーカイブなどがあるが、今後、シリア紛争の戦争犯罪の問題にどういった影響を与えるだろうか。また、戦時下の子どものつぶやきがソーシャルネットワーク上で、大きな政治社会的なインパクトを持つ事例もあり、こうした現象についても分析が必要であろう。[*3]

それでも、本書は戦争のデータについて、何らかの意味のある見取り図を提示できたのではないだろうか。少なくとも、本書を読んだ後なら、メディアに出てくる戦争データは、それまでとは違って見えるはずだ。そのデータは誰が、どうやって、何の目的で生成したデータなのか。どういう歴史的経緯をたどって生成されたものなのか。考えるのは、あなた自身である。

# あとがき

二〇二三年一月末、家族が新型コロナウイルスに感染し、研究どころではなくなった。陽性の結果が出たその日も、わたしのスマートフォンには、いつもどおり、コロナウイルスの新規感染者数のニュースが表示されていた。膨大な感染者数のグラフの一メモリに、わたしの家族が刻まれている。そう思うと、このグラフ全体が様々な人生を寄せ集めた大きな塊《かたまり》のように見えてきた。そして、そのすぐ後に、わたしも一メモリとして刻まれることになった。

グラフは人生の悲喜交々《こもごも》を映し出さない。いくらデータとにらめっこしてみても、わたしの家族が熱でうなされ、わたしがそれを心配そうに見ている様子は浮かんでこない。それでいいのだ。グラフからそんなものが見えてもらっては困る。けれども、グラフの背後にそういった人の生活がまったくないかのように思われても困る。

わたしは大学教員として、授業でも研究でも戦争のことを扱っている。死者数データの調査は、絶対に避けられない。さて、この死者数データの背後には、どういった人生が隠れているのだろうか。データの背後にたくさんの人の死があり、それを探し出す人の息遣いがある。この本は、あなたのそうした想像力をかき立てることができただろうか。

＊

本書のもとになった研究プロジェクトに取り組み始めたのが二〇一四年で、イギリスで博士号を取得した直後だった。最初はイラク戦争やアフガニスタン戦争で注目されていた対反乱活動の研究に取り組んだ。英語圏の安全保障関係者がこぞって研究していたテーマだったからだ。しかし、すぐにいくつか違和感が出てきた。

ひとつは、対反乱活動の文民被害のデータがどうもはっきりしないことだった。アメリカ軍のデータ、国連のデータ、NGOのデータ、様々なデータが別々の数値を示しており、まるで実態がつかめない。結局、文民は何人死亡しているのか。文民の死者数自体がプロパガンダの道具になっていた。

もうひとつは、日本のアカデミアや世論では、英語圏に比べて、対反乱活動への注目度が低すぎることだった。イラク戦争やアフガニスタン戦争に関心があるようでいて、実際にはほとんどないように見えた。日本の大学にいながら、英語圏の一部の安全保障関係者にだけ向けて研究をする意味は何だろう。そう思えてきた。

日本の大学で、日本語で本を書くなら、わたしがいまいる場所から見えるものについて、もう一度、徹底的に考え直すべきだ。日本で起きていない戦争を知るために、わたしが必要とする戦争のデータは、いったいどのようにつくられているのか。これを問いにしよう。

こうして研究が始まったものの、戦争データの研究は想像していたよりも遥かに大きな労力と時間を要するものだった。当初は三年くらいのつもりで始めたが、調べれば調べるほど、新たな問いが生まれ、新しいフィールドが見えてくる。気づくと二〇二三年になっていた。

本書は、本当に多くの人たちに支えられて出版に至ることができた。紙幅の都合上、ごく限られた方のお名前しか挙げることはできないが、執筆に直接ご尽力をいただいた方々にお礼を申し上げる。

まず、日本の指導教員、遠藤乾先生と、イギリスの指導教員、ベアテ・ヤン先生にお礼を申し上げたい。北海道大学ならびにサセックス大学、それぞれの大学院で学んだことが、本書の基礎になっている。とりわけ、遠藤先生にはドラフトをご高覧いただき、励ましのお言葉をいただいた。長く険しい出版までの道のりに大きな弾みをつけていただいた。

本書のドラフトを細かくチェックしていただき、出版社までご紹介くださったのが、板橋拓己さんである。わたしにとって、北海道大学のもっとも尊敬し、もっとも畏れる先輩の一人である。板橋さんなしに本書をこのようなかたちで出版することはできなかった。心から感謝申し上げる。

本書の編集を担当してくださったのは、中央公論新社の白戸直人さんである。未熟な研究者であるわたしのドラフトをとても丁寧に、しかも、ものすごい速度で読んでいただいた。また、わたしの不安を先回りするように、出版までの間に何度も丁寧にやり取りをしてくださった。そして、可能な限り読みやすい本にしたいというわたしの希望を全面的に叶えてくださった。心より感謝申し上げる。

この戦死者データに関する研究プロジェクトを一〇年近く継続するうえで、あらゆる場面でお力添えをいただいたのは、関西大学の柄谷利恵子先生、安武真隆先生、西平等先生、大津留（北川）智恵子先生である。柄谷先生は、何度もくじけそうになったときに、いつも強く励ましてくださった。安武先生は、科研のプロジェクトなどを通じて、ずっと支えてくださった。西先生は、国際法、政治思想、歴史について、いつまでも成長しないわたしを懇切丁寧にご指導くださった。大津留先生は、様々な場面で叱咤激励してくださった。これに懲りず、今後ともご指導いただければ幸いである。

本書は出版までにドラフトの検討会を行った。その際には、学外から藤山一樹さん、池嵜航一さん、豊田哲也先生、苅谷千尋先生にご参加いただき、様々なご助言をいただいた。特に藤山さんには、この戦死者データの研究プロジェクトを続けるうえで、定期的に議論にお付き合いいただいた。この場を借りて感謝申し上げる。また、鹿子生浩輝先生には、本書に関わる研究ノートについて貴重なコメントをいただいた。

戦死者データに関する研究プロジェクトの立ち上げの段階で励ましてくださったのが、宮崎悠さん、白鳥潤一郎さん、高橋義彦さんである。三人は、まだどうなるかわからない研究プロジェクトの意義をわたしよりも早く理解し、有益なコメントをいろいろくださった。本当に感謝申し上げる。

友人の木田貴裕さんには、この研究プロジェクトの着想のきっかけをいただいた。木田さんがイギリスの大学院の修士課程で行った移民の埋葬研究は、自分にとって有益な刺激となった。また、定期的に政治や社会について議論する機会をいただいている。それについても大いに感謝申し上げる。

何より、長年にわたって意味のわからない研究を続ける息子を応援してくれた、両親の玲二と郁子にあらためて感謝申し上げる。二人の教育が成功しすぎて、大学院どころか、研究者になってしまった。せめてものお詫びの品として、二冊目の単著となる本書を贈りたい。

妻の美香には、本書のアイデアの種をもらった。日々、彼女から聞く会社の話は、しばしば法と社会の緊張関係をテーマとした。それが国際人道法と戦争の現場の関係を考えるきっかけになった。また、大学の仕事全般について批判的な眼差しでコメントをくれることが、課題を解決する上で、いつも重要なヒントになっている。これからもご指導いただきたい。

最後に、関西大学政策創造学部の先生方と事務の方々に格別の御礼を申し上げる。研究、教育、行政それぞれの領域で、常にクリエイティブな思考を尊重してくださる方々と仕事ができていることは、本当に幸せである。また、授業を通じて、研究のヒントをたくさんくれた学生たちにも心から感謝申し上げる。

本書は、これまで出会ったすべての人に、わたしが理解した世界の仕組みをお伝えし、共有するために書いた。それが少しでも伝わることを願っている。

二〇二三年五月

五十嵐元道

れ」と「彼ら」の情報戦争』(原書房、2020年)。

＊2　ハンナ・アーレント(大久保和郎、大島かおり訳)『新版　全体主義の起原3——全体主義』(みすず書房、2017年)、234頁。

＊3　デイヴィッド・パトリカラコス(江口泰子訳)『140字の戦争：SNSが戦場を変えた』(早川書房、2019年);Omar Al-Ghazzi, 'An Archetypal Digital Witness: The Child Figure and the Media Conflict over Syria,' *International Journal of Communication*, 13, 2019; Kari Andén-Papadopoulos, 'Citizen Camera-Witnessing: Embodied Political Dissent in the Age of "Mediated Mass Self-Communication",' *New Media & Society*, 16:5, 2014.

(April 11, 2014).

*59 Richard Lloyd and Theodore A. Postol, 'Possible Implications of Faulty US Technical Intelligence in the Damascus Nerve Agent Attack of August 21, 2013' (January 14, 2014) in https://www.documentcloud.org/documents/1006045-possible-implications-of-bad-intelligence

*60 エリオット・ヒギンズ（安原和見訳）『ベリングキャット：デジタルハンター、国家の嘘を暴く』（筑摩書房、2022年）、15頁。

*61 毎日新聞取材班『オシント新時代 ルポ・情報戦争』（毎日新聞出版、2022年）、第１章。

*62 デイヴィッド・パトリカラコス（江口泰子訳）『140字の戦争：SNSが戦場を変えた』（早川書房、2019年）、第８章。

*63 Eliot Higgins and Dan Kaszeta, 'It's Clear That Turkey Was Not Involved in the Chemical Attack on Syria,' *The Guardian* (April 22, 2014).

*64 Ben Cole, *The Syrian Information and Propaganda War* (Cham: Palgrave Macmillan Cham, 2022), p. 196.

*65 浅田、前掲書、注54、54-56頁。

*66 S/1645/2018 (July 6, 2018), para. 3.1-3.4.

*67 *ibid.*, para. 5.1-5.2.

*68 S/1731/2019 (March 1, 2019).

*69 *ibid.*

*70 OPCW, 'Director-General's Statement on the Report of the Investigation into Possible Breaches of Confidentiality' (February 6, 2020), p. 5.

*71 https://wikileaks.org/opcw-douma/document/20190227-Engineering-assessment-of-two-cylinders-observed-at-the-Douma-incident/20190227-Engineering-assessment-of-two-cylinders-observed-at-the-Douma-incident.pdf

*72 https://wikileaks.org/opcw-douma/releases/#Internal%20OPCW%20E-Mail

*73 Jonathan Steele, 'The OPCW and Douma: Chemical Weapons Watchdog Accused of Evidence-Tampering by Its Own Inspectors,' *CounterPunch.org* (November 15, 2019); Jefferson Morley, 'Why Douma Attack Wasn't A "Managed Massacre,"' *Asia Times* (December 8, 2019).

*74 Bellingcat, 'The OPCW Douma Leaks Part 1: We Need To Talk About "Alex"' (January 15, 2020) in https://www.bellingcat.com/news/mena/2020/01/15/the-opcw-douma-leaks-part-1-we-need-to-talk-about-alex/

*75 Bellingcat, 'The OPCW Douma Leaks Part 2: We Need To Talk About Henderson' (January 17, 2020) in https://www.bellingcat.com/news/mena/2020/01/17/the-opcw-douma-leaks-part-2-we-need-to-talk-about-henderson/

*76 Patrick Wintour, 'Chemical Weapons Watchdog Defends Syria Report After Leaks,' *The Guardian* (November 25, 2019); 'Chemical Weapons Body Defends Syria Attack Conclusions After Leaks,' *Reuters* (November 25, 2019).

## 終　章

*1 ピーター・ポメランツェフ（築地誠子、竹田円訳）『嘘と拡散の世紀：「われわ

Force,' *The New York Times* (July 23, 2012).

*36 A/HRC/22/59 (February 5, 2013), para. 21.

*37 Martin Chulov, 'Syria Attacks Involved Chemical Weapons, Rebels and Regime Claim,' *The Guardian* (March 19, 2013).

*38 A/68/663–S/2013/735 (December 13, 2013), para. 5.

*39 Ian Pannell, 'Syria Crisis: "Strong Evidence" of Chemical Attacks, in Saraqeb,' *BBC News* (May 16, 2013) in https://www.bbc.com/news/world-middle-east-22551892.

*40 Ian Black, 'Syria: What Is on the Other Side of Barack Obama's Red Line?' *The Guardian* (June 14, 2013).

*41 Michael Crowley, 'United Nations Mechanisms to Combat the Development, Acquisition and Use of Chemical Weapons,' in Michael Crowley, Malcolm Dando, and Lijun Shang (eds.), *Preventing Chemical Weapons: Arms Control and Disarmament as the Sciences Converge* (London: The Royal Society of Chemistry, 2018).

*42 Åke Sellström, 'Lessons from Weapons Inspections in Iraq and Syria,' *AJIL Unbound*, 115, 2021, p. 95.

*43 A/68/663–S/2013/735 (December 13, 2013), para. 27-32; Joby Warrick, *Red Line: The Unravelling of Syria and the Race to Destroy the Most Dangerous Arsenal in the World* (London: Transworld Publishers, 2020), pp. 30-32.

*44 A/68/663–S/2013/735 (December 13, 2013), para. 33-36; Warrick, *Red Line*, pp. 59-71.

*45 Warrick, *Red Line*, pp. 72-83.

*46 A/67/997–S/2013/553 (September 16, 2013).

*47 A/68/663–S/2013/735 (December 13, 2013), para. 40.

*48 A/67/997–S/2013/553 (September 16, 2013), para. 27-28.

*49 *ibid.*, Appendix 5; Warrick, *Red Line*, p. 128.

*50 A/67/997–S/2013/553 (September 16, 2013), Appendix 7; Warrick, *Red Line*, p. 128.

*51 Human Rights Watch, *Attacks on Goutta: Analysis of Alleged Use of Chemical Weapons in Syria* (September 10, 2013).

*52 David Jolly, Scott Sayare, and Rick Gladstone, 'U.S. Releases Detailed Intelligence on Syrian Chemical Attack,' *The New York Times* (August 30, 2013).

*53 Domic Rushe, 'Assad Tells Charlie Rose No Evidence He Is Responsible for Syria Chemical Attack,' *The Guardian* (September 8, 2013).

*54 浅田正彦『化学兵器の使用と国際法—シリアをめぐって—』(東信堂、2022年)、11頁。

*55 同上、34-35頁。

*56 Michael R. Gordon, 'U.S. and Russia Reach Deal to Destroy Syria's Chemical Arms,' *The New York Times* (September 14, 2013).

*57 A/68/663–S/2013/735 (December 13, 2013), para. 108-122.

*58 Seymour Hersh, 'The Red Line and the Rat Line,' *London Review of Books*, 36:8

Chemical Warfare,' in Bretislav Friedrich, Dieter Hoffmann, Jürgen Renn, Florian Schmaltz, and Martin Wolf (eds.), *One Hundred Years of Chemical Warfare: Research, Deployment, Consequences* (Cham: Springer Open, 2017).

＊6 Edward M. Spiers, *Agents of War: A History of Chemical and Biological Weapons (Revised and Expanded 2nd Edition)* (London: Reaktion Books Ltd, 2021), pp. 73-74.

＊7 *ibid.*, p. 75.

＊8 松野誠也『日本軍の毒ガス兵器』（凱風社、2005年）、ならびに吉見義明『毒ガス戦と日本軍』（岩波書店、2004年）を参照。

＊9 タッカー、前掲書、注２、第３章。

＊10 同上、第５－９章。

＊11 同上、第10章。

＊12 同上、180頁。

＊13 United Nations, *Chemical and Bacteriological (Biological) Weapons and the Effects of Their Possible Use* (New York: United Nations, 1969).

＊14 Bryan R. Gibson, *Covert Relationship: American Foreign Policy, Intelligence, and the Iran-Iraq War, 1980-1988* (Santa Barbara: Praeger Publisher, 2010), pp. 24-35.

＊15 *ibid.*, pp. 105-106.

＊16 *ibid.*, p. 108.

＊17 *ibid.*, p. 94.

＊18 *ibid.*, p. 127.

＊19 調査開始に至る国連内部の動きについては、Joost R. Hiltermann, *A Poisonous Affair: America, Iraq, and the Gassing of Halabja* (Cambridge: Cambridge University Press, 2007), pp. 58-59.

＊20 S/16433 (March 26, 1984), para. 5.

＊21 *ibid.*, Appendix II-VI.

＊22 *ibid.*, Annex, para. 35.

＊23 Hiltermann, *A Poisonous Affair*, p. 52.

＊24 S/16454 (March 30, 1984).

＊25 S/17911 (March 12, 1986), Annex, para. 56.

＊26 Hiltermann, *A Poisonous Affair*, p. 72.

＊27 S/17932 (March 21, 1986).

＊28 S/17934 (March 23, 1986).

＊29 S/18852 (May 8, 1987), Annex, para. 64.

＊30 Hiltermann, *A Poisonous Affair*, p. 98.

＊31 Gibson, *Covert Relationship*, p. 212.

＊32 Physicians for Human Rights, *Winds of Death: Iraq's Use of Poison Gas* (February 1989).

＊33 タッカー、前掲書、注２、第15章。

＊34 Spiers, *Agents of War*, pp. 153-155.

＊35 Neil MacFarquhar and Eric Schmitt, 'Syria Threatens Chemical Attack on Foreign

*70 Laurel E. Fletcher and Harvey M. Weinstein, 'A World unto Itself? The Application of International Justice in the Former Yugoslavia,' in Eric Stover and Harvey M. Weinstein (eds.), *My Neighbor, My Enemy: Justice and Community in the Aftermath of Mass Atrocity* (Cambridge: Cambridge University Press, 2004).

*71 藤原広人「スレブレニツァの集合的記憶」長有紀枝（編著）『スレブレニツァ・ジェノサイド：25年目の教訓と課題』（東信堂、2020年）、58-61頁。

*72 Nettelfield and Wagner, *Srebrenica in the Aftermath of Genocide*, pp. 279-281.

*73 https://www.icmp.int/bs/press-releases/2005-successful-year-for-icmp/

*74 協定の正式名称は、Agreement on the Status and Functions of the International Commission on Missing Persons である。

*75 Syrian Network for Human Rights, *The Ninth Annual Report on Enforced Disappearance in Syria on the International Day of the Victims of Enforced Disappearances; There Is No Political Solution without the Disappeared* (August 30, 2020).

*76 INTERPOL, 'Interpol Team to Help Identify Victims of Malaysia Airlines Crash' (July 18, 2014) in https://www.interpol.int/News-and-Events/News/2014/INTERPOL-team-to-help-identify-victims-of-Malaysia-Airlines-crash

*77 https://www.icmp.int/bs/where-we-work/europe/ukraine/

*78 https://jp.reuters.com/article/ukraine-crisis-missing-idJPKBN2SE1HI

## 第6章

＊1 化学兵器に関する軍備管理の研究として、Michael Crowley, Malcolm Dando, and Lijun Shang (eds.), *Preventing Chemical Weapons: Arms Control and Disarmament as the Sciences Converge* (London: The Royal Society of Chemistry, 2018); Nathan E. Busch and Joseph F. Pilat, *The Politics of Weapons Inspections: Assessing WMD Monitoring and Verification Regimes* (Stanford: Stanford University Press, 2017); Alexander Kelle, Kathryn Nixdorff, and Malcolm Dando, *Controlling Biochemical Weapons: Adapting Multilateral Arms Control for the 21st Century* (Basingstoke: Palgrave Macmillan, 2006); 納家政嗣、梅本哲也（編）『大量破壊兵器不拡散の国際政治学』（有信堂高文社、2000年）などがある。

＊2 ジョナサン・B・タッカー（内山常雄訳）『神経ガス戦争の世界史：第一次世界大戦からアル＝カーイダまで』（みすず書房、2008年）、第1章。また、OPCWが語る歴史的文脈も参照（https://www.opcw.org/about-us/history）。

＊3 トーマス・ヘイガー（渡会圭子訳）『大気を変える錬金術：ハーバー、ボッシュと化学の世紀』（みすず書房、2010年）。

＊4 Margit Szöllösi-Janze, 'The Scientist as Expert: Fritz Haber and German Chemical Warfare During the First World War and Beyond,' in Bretislav Friedrich, Dieter Hoffmann, Jürgen Renn, Florian Schmaltz, and Martin Wolf (eds.), *One Hundred Years of Chemical Warfare: Research, Deployment, Consequences* (Cham: Springer Open, 2017).

＊5 Bretislav Friedrich and Jeremiah James, 'From Berlin-Dahlem to the Fronts of World War I: The Role of Fritz Haber and His Kaiser Wilhelm Institute in German (eds.), *Forensic Archaeology: A Global Perspective* (Chichester, West Sussex: Wiley Blackwell, 2015)、ならびにICMP, *Missing Persons* を参照。

*47 Henry Erlich, 'In the Beginning: Forensic Applications of DNA Technologies,' in Henry Erlich, Eric Stover and Thomas J. White (eds.), *Silent Witness* (Oxford: Oxford University Press, 2020), p. 22.

*48 サマンサ・ワインバーグ（戸根由紀恵訳）『DNAは知っていた』（文藝春秋、2004年）。

*49 Sarah E. Wagner, *To Know Where He Lies: DNA Technology and the Search for Srebrenica's Missing* (Berkeley: University of California Press, 2008), p. 90.

*50 *ibid.*, p. 82.

*51 *ibid.*, p. 118.

*52 ICMP, *Missing Persons*, pp. 57-58.

*53 *ibid.*, pp. 64, 96.

*54 Lara J. Nettelfield and Sarah Wagner, *Srebrenica in the Aftermath of Genocide* (Cambridge: Cambridge University Press, 2014), pp. 261-262.

*55 Stover and Peress, *The Graves*, p. 196.

*56 '"Relatives will never believe in the death of a loved one if they do not see the body." Kathryne Bomberger, Director of the International Commission on Missing Persons, tells how they will be searched in Ukraine – an interview,' Babel (June 14, 2022) in https://babel.ua/en/texts/79942-relatives-will-never-believe-in-the-death-of-a-loved-one-if-they-do-not-see-the-body-kathryne-bomberger-director-of-the-international-commission-on-missing-persons-tells-how-they-will-be-searched-in-u

*57 ICTY, Prosecutor v. Krstić (Case No. IT–98–33), Transcript (May 26, 2000 – May 31, 2000), pp. 3532-4034.

*58 この点については、一連の専門家の証言で何度も論点となった。See Krstić Transcript (May 26, 2000 - May 31, 2000), pp. 3532-4034.

*59 For example, Krstić Transcript (May 29, 2000), pp. 3765, 3769.

*60 For example, Krstić Transcript (May 31, 2000), pp. 3940, 3958.

*61 For example, Krstić Transcript (May 30, 2000), pp. 3858-3859.

*62 For example, Krstić Transcript (May 30, 2000), pp. 3818, 3857, 3875.

*63 ICTY, Prosecutor v. Krstić (Case No. IT-98-33), Judgment, Trial Chamber (August 2, 2001), para. 75-78.

*64 ICTY, Prosecutor v. Karadžić (Case IT-95-5/18-T), Transcript (January 30, 2012), p. 23879.

*65 Karadžić Transcript (January 30, 2012), pp. 23881-23883.

*66 この点に関するハグランドの証言はKaradžić Transcript (January 30, 2012-January 31, 2012)、同様にクラークの証言はKaradžić Transcript (January 10, 2012-January11, 2012) を参照。

*67 Karadžić Transcript (January 31, 2012), pp. 23914-23915, 23947-23948.

*68 Karadžić Transcript (July 23, 2013), p. 41755.

*69 Karadžić Judgment, Trial Chamber (March 24, 2016), para. 5643-5645.

Blackwell, 2015).

*28 Howard Ball, *Working in the Killing Fields: Forensic Science in Bosnia* (Washington, D.C. : Potomac Books, 2015), Ch. 3; Fondebrider and Scheinsohn, 'Forensic Archaeology.'

*29 Stover and Peress, *The Graves*, pp. 111-112.

*30 S/25274 (February 10, 1993), Annex II Report of a Preliminary Site Exploration of a Mass Grave near Vukovar, Former Yugoslavia.

*31 *ibid.*, Annex I, para. 74.

*32 S/RES/827 (May 25, 1993.).

*33 Hagan, *Justice in the Balkans*, pp. 132-133. また、ルエズについては、藤原広人「ICTYによる国際刑事捜査とスレブレニツァ」長有紀枝（編著）『スレブレニツァ・ジェノサイド：25年目の教訓と課題』（東信堂、2020年）に詳しい。

*34 Karadžić Judgment, Trial Chamber (March 24, 2016), para. 5523.

*35 Hagan, *Justice in the Balkans*, pp. 137-141、ならびに藤原、前掲書、注33、119-125頁。

*36 Admir Jugo and Sari Wastell, 'Disassembling the Pieces, Reassembling the Social: The Forensic and Political Lives of Secondary Mass Graves in Bosnia and Herzegovina,' in Elisabeth Anstett and Jean-Marc Dreyfus (eds.), *Human Remain and Identification: Mass Violence, Genocide, and the 'Forensic Turn'* (Manchester: Manchester University Press, 2015), pp. 150-151. 一次埋却地と二次埋却地の地理的な位置関係については、ICMP, *Missing Persons*, p. 97 を参照。

*37 Jean-René Ruez, 'Les enquêtes du TPIY. Entretien avec Jean-René Ruez,' *Cultures & Conflits*, 65, printemps 2007, para. 17.

*38 Stover and Peress, *The Graves*, pp. 147-148.

*39 藤原、前掲書、注33、128頁。

*40 Stover and Peress, *The Graves*, p. 170; Tom Hundley, 'Chicagoan Is Tackling Bosnia Forensic Puzzle,' *Chicago Tribune* (August 18, 1996).

*41 Stover and Peress, *The Graves*, p. 163.

*42 Dean Manning, *Srebrenica Investigation: Summary of Forensic Evidence – Execution Points and Mass Graves* (May 16, 2000).

*43 ICRCは虐殺事件直後に、PHRは事件のおよそ1年後、独立に調査を行った。Helge Brunborg, Torkild Hovde Lyngstad, and Henrik Urdal, 'Accounting for Genocide: How Many Were Killed in Srebrenica?' *European Journal of Population*, 19:3, 2003, pp. 233-234.

*44 M. Tidball-Binz, and U. Hofmeister, 'Forensic Archaeology in Humanitarian Contexts; ICRC Action and Recommendations,' in W. J. Mike Groen, Nicholas Márquez-Grant, and Robert C. Janaway (eds.), *Forensic Archaeology: A Global Perspective* (Chichester, West Sussex: Wiley Blackwell, 2015).

*45 Karadžić Judgment, Trial Chamber (March 24, 2016), para. 5523, 5559.

*46 ICMPの活動については、Ian Hanson, 'Forensic Archaeology and the International Commission on Missing Persons: Setting Standards in an Integrated Process,' in W. J. Mike Groen, Nicholas Márquez-Grant, and Robert C. Janaway

(March 24, 2016), para. 5530.

＊9 Eric Stover and Rachel Shigekane, 'The Missing in the Aftermath of War: When Do the Needs of Victims' Families and International War Crimes Tribunals Clash?' *International Review of the Red Cross*, 84:848, December 2002, p. 846. もちろん、家族によって要望は様々であり、一概に同じように扱うことはできない。

＊10 ルワンダの事例では、ルワンダ政府が法医学による身元調査に反対するなどしたことから、身元調査があまり実施されなかった。Remi Korman, 'Bury or Display? The Politics of Exhumation in Post-Genocide Rwanda,' in Elisabeth Anstett and Jean-Marc Dreyfus (eds.), *Human Remain and Identification: Mass Violence, Genocide, and the 'Forensic Turn'* (Manchester University Press, 2015).

＊11 E/CN.4/1992/S-1/9 (August 28, 1992), para. 3.

＊12 *ibid.*, para. 5.

＊13 Tadeusz Mazowiecki, 'Will to Disaster,' *Index on Censorship*, 24:5 (September 1995), p. 70.

＊14 E/CN.4/1992/S-1/9 (August 28, 1992).

＊15 E/CN.4/1992/S-1/10 (October 27, 1992), para. 2-3.

＊16 *ibid.*, para. 18 and Annex II.

＊17 国際事実調査委員会は、1977年のジュネーブ諸条約第一追加議定書第90条において、人道法違反の事実調査を行う組織として設立が規定された組織である。実際の武力紛争でこの組織が活動した実績は未だない。

＊18 Alfred de Zayas, 'The Kalshoven Commission,' *Leiden Journal of International Law*, 6:1 (April 1993), p. 131.

＊19 William A. Schabas, *The UN International Criminal Tribunals: The Former Yugoslavia, Rwanda and Sierra Leone* (Cambridge: Cambridge University Press, 2006), pp. 14-16.

＊20 S/25274 (February 10, 1993), Annex I, para. 19.

＊21 'Rapporteurs' Mission under the CSCE Moscow Human Dimension Mechanism to Bosnia-Herzegovina and Croatia,' in ICTY, *Path to the Hague, The Selected Documents on the Origins of the ICTY* (Hague: International Criminal Tribunal for the former Yugoslavia, 2001), pp. 79-81.

＊22 E/CN.4/1993/50 (February 10, 1993), Annex I.

＊23 John Hagan, *Justice in the Balkans: Prosecuting War Crimes in the Hague Tribunal* (Chicago and London: The University of Chicago Press, 2003), pp. 39-40.

＊24 Eric Stover and Gilles Peress, *The Graves: Srebrenica and Vukovar* (Zürich: Scalo, 1998), p. 109.

＊25 Eric Stover and Molly Ryan, 'Breaking Bread with the Dead,' *Historical Archaeology*, 35:1, 2001, p. 9.

＊26 Bradley Graham, 'On the Track of Killings in Argentina,' *The Washington Post* (June 23, 1987).

＊27 Luis Fondebrider and Vivian Scheinsohn, 'Forensic Archaeology: the Argentinian Way,' in W. J. Mike Groen, Nicholas Márquez-Grant, and Robert C. Janaway (eds.), *Forensic Archaeology: A Global Perspective* (Chichester, West Sussex: Wiley

*83　Megan Price, Jeff Klingner, and Patrick Ball, 'Preliminary Statistical Analysis of Documentation of Killings in the Syrian Arab Republic' (January 2, 2013), pp. 2-3.
*84　*ibid.*, pp. 29-31.
*85　ダニエル・サスキンド（上原裕美子訳）『WORLD WITHOUT WORK：AI時代の新「大きな政府」論』（みすず書房、2022年）、62-64頁。
*86　ハンナ・フライ（森嶋マリ訳）『アルゴリズムの時代：機械が決定する世界をどう生きるか』（文藝春秋、2021年）。
*87　Megan Price, Jeff Klingner, and Patrick Ball, 'Updated Statistical Analysis of Documentation of Killings in the Syrian Arab Republic' (June 13, 2013).
*88　Megan Price, Anita Gohdes, and Patrick Ball, 'Updated Statistical Analysis of Documentation of Killings in the Syrian Arab Republic' (August 2014).
*89　たとえば、青山弘之「シリア人権監視団、シリア人権ネットワークの犠牲者統計データに潜む偏向」（2015年12月20日）in https://news.yahoo.co.jp/byline/aoyamahiroyuki/20151220-00052626
*90　A/HRC/50/68 (June 28, 2022).
*91　*ibid.*, para. 23-24.

### 第５章

*１　本書では、法医学をforensic scienceの訳語として用いるが、この言葉を直訳すれば、「法科学」となる。Forensicは裁判や法を意味するのみで、必ずしも医学を示唆するわけではない。しかし、日本語ではforensicをlegalと区別するために「法医」と訳する傾向があるため、本書でもforensic scienceを「法医学」と翻訳する。
*２　法医学については、たとえば、Roxana Ferllini (ed.), *Forensic Archaeology and Human Rights Violations* (Springfield: Charles C. Thomas, 2007); W. J. Mike Groen, Nicholas Márquez-Grant, and Robert C. Janaway (eds.), *Forensic Archaeology: A Global Perspective* (Chichester, West Sussex: Wiley Blackwell, 2015); Soren Blau and Douglas H. Ubelaker (eds.), *Handbook of Forensic Anthropology and Archaeology* (London: Routledge, 2016) を参照。
*３　戦死者の遺体鑑定の詳細については、埴原和郎『骨はヒトを語る』（講談社、1997年）を参照。
*４　Victoria Martin, 'A First World War Example of Forensic Archaeology,' *Forensic Science International*, 314, 2020, p. 3.
*５　Clyde Collins Snow, 'Forensic Anthropology,' *Annual Review of Anthropology*, 11, 1982.
*６　楢崎修一郎『骨が語る兵士の最期：太平洋戦争・戦没者遺骨収集の真実』（筑摩書房、2018年）。
*７　Michael Sledge, *Soldier Dead: How We Recover, Identify, Bury, and Honor Our Military Fallen* (New York: Columbia University Press, 2005). 小倉での遺体調査については、埴原、前掲書、注３に詳しい。
*８　ICTY, Prosecutor v. Karadžić (Case IT-95-5/18-T), Judgment, Trial Chamber

*64 Karadžić Judgment, Trial Chamber (March 24, 2016), para. 5572-5578.
本書で取り上げた事例に加えて、コソボ紛争に関するICTYの裁判では、パトリック・ボールによる戦争被害の統計データが利用され、ジェノサイドを立証するための重要な証拠となった。
ただし、こうした統計的分析だけでは死因を説明できない点は留意が必要である。スレブレニツァ事件の7905人は、いったいどのように命を落としたのか。スレブレニツァ事件について詳細に分析を行った長有紀枝が指摘するところでは、およそ5000人が処刑され、残りの3000人が戦闘や地雷で死亡した可能性がある。
長有紀枝「スレブレニツァ事件を再構築する——認定事実としてのスレブレニツァ事件と再発予防の処方箋」『スレブレニツァ・ジェノサイド：25年目の教訓と課題』（東信堂、2020年）、31頁。
*65 Jan Zwierzchowski and Ewa Tabeau, 'The 1992-95 War in Bosnia and Herzegovina: Census-Based Multiple System Estimation of Casualties' Undercount,' Paper for International Research Workshop on 'The Global Economic Costs of Conflict,' Berlin, February 2010, p. 15.
*66 *Ibid.*, pp. 15-16.
*67 Lara J. Nettelfield, 'Research and Repercussions of Death Tolls: The Case of the Bosnian Book of the Dead,' in Peter Andreas and Kelly M. Greenhill, *Sex, Drugs, and Body Counts: The Politics of Numbers in Global Crime and Conflict* (Ithaca and London: Cornell University Press, 2010), pp. 162-165.
*68 Nettelfield, 'Research and Repercussions of Death Tolls,' pp. 166-173; Patrick Ball, Ewa Tabeau, and Philip Verwimp, 'The Bosnian Book of Dead: Assessment of the Database (Full Report),' HiCN Research Design Notes 5 (June 17, 2007).
*69 A/HRC/18/53 (September 15, 2011).
*70 A/HRC/S-17/2/Add.1 (November 23, 2011), para. 28.
*71 *ibid.*, para. 84-96.
*72 *ibid.*, para. 97.
*73 *ibid.*, para. 98.
*74 五十嵐元道「及び腰の介入と主権——オバマ政権のリビア紛争とシリア紛争への対応を事例として」『年報政治学2019-II』（筑摩書房、2019年）、85-86頁。
*75 United Nations, 'Syrian Crisis Reaching Stage of Civil War, UN Human Rights Chief Says,' *UN News* (December 1, 2011).
*76 A/HRC/RES/S-18/1 (December 2, 2012).
*77 Alan Cowell and Steven Lee Myers, 'U.N. Panel Accuses Syrian Government of Crimes Against Humanity,' *The New York Times* (February 23, 2012).
*78 Christopher Phillips, *The Battle for Syria: International Rivalry in the New Middle East* (New Haven: Yale University Press, 2016), p. 86.
*79 A/HRC/RES/S-18/1 (December 2, 2012), Annex II Applicable Law.
*80 *ibid.*, Annex III Military Situation.
*81 A/HRC/21/50 (August 16, 2012), para. 38-39.
*82 https://www.microsoft.com/ja-jp/ai/ai-for-humanitarian-action-projects?activetab=pivot1:primaryr7

Megan E. Price, and Anita Gohdes, 'Multiple Systems Estimation Techniques for Estimating Casualties in Armed Conflicts,' in Taylor B. Seybolt, Jay D. Aronson, and Baruch Fischhoff (eds.), *Counting Civilian Casualties: An Introduction to Recording and Estimating Nonmilitary Deaths in Conflict* (Oxford: Oxford University Press, 2013); Nicholas P. Jewell, Michael Spagat, and Britta L. Jewell, ' MSE and Casualty Counts: Assumptions, Interpretation, and Challenges,' in Taylor B. Seybolt, Jay D. Aronson, and Baruch Fischhoff (eds.), *Counting Civilian Casualties: An Introduction to Recording and Estimating Nonmilitary Deaths in Conflict* (Oxford: Oxford University Press, 2013) を参照。

*50 Christian Tomuschat, 'Clarification Commission in Guatemala,' *Human Rights Quarterly*, 23:2, May 2001.

*51 歴史的記憶の回復プロジェクト編、前掲書、注43、11-15頁。

*52 Ball, 'The Guatemalan Commission for Historical Clarification,' p. 270.

*53 *ibid.*, p. 280.

*54 Diane M. Nelson, *Who Counts?: The Mathematics of Death and Life after Genocide* (Durham : Duke University Press, 2015), pp. 63-64.

*55 スレブレニツァ事件については、長有紀枝『スレブレニツァ―あるジェノサイドをめぐる考察』(東信堂、2009年) を参照。この事件については、どこまでを「スレブレニツァ事件」として捉えるのかなど、本書では取り扱いきれない論点が数多く存在する。

*56 S/RES/819 (1993) (April 16, 1993).

*57 ICMP, *Missing Persons from the Armed Conflicts of the 1990s: A Stocktaking on the Effort to Locate and Identify Missing Persons in Bosnia and Herzegovina* (Sarajevo: October 2014), pp. 27-31.

*58 Helge Brunborg, 'Contribution of Statistical Analysis to the Investigations of the International Criminal Tribunals,' *Statistical Journal of the United Nations Economic Commission for Europe*, 18:2-3, 2001, pp. 227-238; Helge Brunborg, Torkild Hovde Lyngstad, and Henrik Urdal, 'Accounting for Genocide: How Many Were Killed in Srebrenica?' *European Journal of Population*, 19:3, 2003, pp. 229-248.

*59 Krstić Transcript (June 1, 2000), pp. 4036-4067.

*60 Krstić Judgment, Trial Chamber (August 2, 2001), para. 81.

*61 Ewa Tabeau, *Conflict in Numbers: Casualties of the 1990s Wars in the Former Yugoslavia (1991-1999): Major Reports by Demographic Experts of the Prosecution in the Trials before the International Criminal Tribunal for the Former Yugoslavia* (Belgrade: Helsinki Committee for Human Rights in Serbia, 2009).

*62 ICMPの活動については、Ian Hanson, 'Forensic Archaeology and the International Commission on Missing Persons: Setting Standards in an Integrated Process,' in W. J. Mike Groen, Nicholas Márquez-Grant, and Robert C. Janaway (eds.), *Forensic Archaeology: A Global Perspective* (Chichester, West Sussex: Wiley Blackwell, 2015)、ならびにICMP, *Missing Persons* を参照。

*63 ICMP, *Missing Persons*, pp. 52-53.

*38　ニール・シーハン（菊谷匡祐訳）『輝ける嘘』上・下（集英社、1992年）、下、235頁。

*39　事件が社会問題化する過程については、Knightley, *The First Casualty*, pp. 428-440。民間人の虐殺事件については、セイムア・ハーシュ（小田実訳）『ソンミ：ミライ第四地区における虐殺とその波紋』（草思社、1970年）、ダニエル・ラング（内山敏訳）『戦争の犠牲者たち：ベトナム192高地虐殺事件』（草思社、1990年）。

*40　Patrick Ball, Paul Kobrak, and Herbert F. Spirer, *State Violence in Guatemala, 1960-1996: A Quantitative Reflection* (Washington, D.C.: American Association for the Advancement of Science, 1999), PART II. また、フェルナンド・モスコソ・モジェール（吉川敦子、関雄二訳）「グアテマラにおけるジェノサイドと正義」関雄二、狐崎知己、中村雄祐（編著）『グアテマラ内戦後　人間の安全保障の挑戦』（明石書店、2009年）を参照。

*41　The Commission for Historical Clarification (CEH), *Guatemala: Memory of Silence, Report of the Commission for Historical Clarification, Conclusions and Recommendations* (February 1999), para. 2.

*42　*ibid.*, para. 1.

*43　歴史的記憶の回復プロジェクト（編）（飯島みどり、狐崎知己、新川志保子訳）『グアテマラ虐殺の記憶：真実と和解を求めて』（岩波書店、2000年）、第１部第１章。

*44　Frederick H. Gareau, *State Terrorism and the United States: From Counterinsurgency to the War on Terrorism* (London: Zed Books, 2004), pp. 61-63.

*45　Patrick Ball and Megan Price, 'The Statistics of Genocide,' *Chance*, 31:1, p. 39. ボールの経歴については、Tina Rosenberg, 'The Body Counter: Meet Patrick Ball, A Statistician Who's Spent His Life Lifting the Fog of War,' *Foreign Policy* (February 27, 2012) を参照。

*46　T. B. Jabine and Douglas A. Samuelson, 'Human Rights of Statisticians and Statistics of Human Rights: Early History of the American Statistical Association's Committee on Scientific Freedom and Human Rights,' in Jana Asher, David Banks, and Fritz J. Scheuren (eds.), *Statistical Methods for Human Rights* (New York; London: Springer, 2008).

*47　T. B. Jabine and R. P. Claude (eds.), *Human Rights and Statistics* (Philadelphia: University of Pennsylvania Press, 1992).

*48　Ball and Price, 'The Statistics of Genocide,' p. 39.

*49　計算方法の詳細な説明については、Patrick Ball, 'The Guatemalan Commission for Historical Clarification: Generating Analytic Reports Inter-Sample Analysis,' in Patrick Ball, Herbert F. Spirer, and Louise Spirer (eds.), *Making The Case: Investigating Large Scale Human Rights Violations Using Information Systems and Data Analysis* (Washington: American Association for the Advancement of Science, 2000) を参照。

この手法の概説ならびに問題点の検討については、Daniel Manrique-Vallier,

*14 Quoted in Scott Sigmund Gartner and Marissa Edson Myers, 'Body Counts and "Success" in the Vietnam and Korean Wars,' *The Journal of Interdisciplinary History*, 25:3 (Winter, 1995), p. 379. ただし、ボディカウントによる進捗評価自体は朝鮮戦争でも実施された。

*15 W. C. Westmoreland, and U. S. G. Sharp, *Report on the War in Vietnam, as of 30 June 1968* (Washington, D.C.: U.S. Government Printing Office, 1968), pp.190-191. 元のグラフは判読しにくかったため、少し簡略化している。

*16 マクナマラ、前掲書、注13、318-320頁。

*17 Gibson, *The Perfect War*, pp. 112-120; Gunenter Lewy, *America in Vietnam* (New York: Oxford University Press, 1978), p. 81; ニック・タース（布施由紀子訳）『動くものはすべて殺せ：アメリカ兵はベトナムで何をしたか』（みすず書房、2015年）、53-56頁。

*18 マクナマラ、前掲書、注13、23頁。

*19 同上、43-46頁。

*20 アレックス・アベラ（牧野洋訳）『ランド：世界を支配した研究所』（文藝春秋、2011年）、210-211頁。

*21 同上、213-221頁。

*22 Lewy, *America in Vietnam*, p. 79.

*23 Gibson, *The Perfect War*, Ch. 5.

*24 タース、前掲書、注17、57-58頁。

*25 Gibson, *The Perfect War*, pp. 141-142, 181-182; Philip Knightley, *The First Casualty: The War Correspondent as Hero and Myth-Maker from the Crime to Iraq* (Baltimore: The Johns Hopkins University Press, 2004), pp. 423-428.

*26 Lewy, *America in Vietnam*, p. 105; Gibson, *The Perfect War*, p. 135.

*27 Cecil B. Currey, 'Free Fire Zones,' in Spencer Tucker (ed.), *The Encyclopedia of the Vietnam War: A Political, Social and Military History* (Santa Barbara, California: ABC-CLIO, 2011), pp. 394-395.

*28 Graham A. Cosmas, *MACV: The Joint Command in the Years of Withdrawal, 1968-1973* (Washington, D.C.: U.S. Army Center of Military History, 2006), p. 86.

*29 Thomas C. Thayer, *War Without Fronts: The American Experience in Vietnam* (Annapolis: Naval Institute Press, 1985), p. 101.

*30 *ibid.*, p. 102.

*31 Gibson, *The Perfect War*, pp. 129-131.

*32 *Ibid.*, p. 183-184.

*33 U.S. Department of the Army, *FM 100-5: Field Service Regulations – Operations, 1962* (Washington, United States Government Printing Office, 1962), pp. 127-135.

*34 *The Pentagon Papers* (Gravel Edition) (Boston: Beacon Press, 1971), Vol. 4. Chapter I, 'The Air War in North Vietnam, 1965-1968,' pp. 171-172.

*35 Thayer, *War Without Fronts*, p. 125.

*36 Lewy, *America in Vietnam*, pp. 442-453.

*37 タース、前掲書、注17、20頁。

どのように裁かれたのか』（中央公論新社、2015年）、ならびに日暮吉延『東京裁判』（講談社、2008年）。

*92　サンズ、前掲書、注８、430-433頁。

## 第４章

*１　この言葉はしばしばスターリンによるものとされるが、実際にスターリンがそう述べたという根拠はないという。詳細は、沼野充義「悲劇と統計――スターリンは本当にそんなことを言ったのか？」『れにくさ』第２号（2010年）を参照。

*２　戦死者数の統計分析に関する研究として、Taylor B. Seybolt, Jay D. Aronson, Baruch Fischhoff (eds.), *Counting Civilian Casualties: An Introduction to Recording and Estimating Nonmilitary Deaths in Conflict* (Oxford: Oxford University Press, 2013); Peter Andreas and Kelly M. Greehill, *Sex, Drugs, and Body Counts: The Politics of Numbers in Global Crime and Conflict* (Ithaca and London: Cornell University Press, 2010); Jana Asher, David Banks, and Fritz J. Scheuren (eds.), *Statistical Methods for Human Rights* (New York; London: Springer, 2008) などがある。

*３　オリヴィエ・レイ（池畑奈央子監訳、原俊彦監修）『統計の歴史』（原書房、2020年）、29頁。ただし、邦訳にあった〈　〉は、ここでは「　」に変えた。

*４　同上、33頁。

*５　同上、第４－５章。また、Alain Desrosieres, *The Politics of Large Numbers: A History of Statistical Reasoning* (translated by Camille Naish) (Cambridge: Harvard University Press, 1998), Ch. 5-6.

*６　Geoffrey Wawro, *Warfare and Society in Europe, 1792-1914* (Abingdon: Routledge, 2000), pp. 60-61.

*７　ヒュー・スモール（田中京子訳）『ナイチンゲール：神話と真実（新版）』（みすず書房、2018年）、第３章。

*８　William Seltzer, 'Population Statistics, the Holocaust, and the Nuremberg Trials,' *Population and Development Review*, 24:3 (September, 1998), pp. 533-536.

*９　Christian G. Appy, *Working-Class War: American Combat Soldiers and Vietnam* (Chapel Hill: University of North Carolina Press, 1993), pp. 153-154.

*10　James William Gibson, *The Perfect War: Technowar in Vietnam* (Boston: Atlantic Monthly Press, 1986), p. 187; Appy, *Working-Class War*, p. 156.

*11　ただし、ボディカウントはあくまで多様な指標のひとつだった。ベトナム戦争でアメリカ軍が利用した指標について包括的に分析した研究として、Gregory A. Daddis, *No Sure Victory: Measuring U.S. Army Effectiveness and Progress in the Vietnam War* (New York: Oxford University Press, 2011) などがある。

*12　当時のボディカウントのデータに関する詳細については、次の資料を参照。Thomas C. Thayer (ed.), *A System Analysis View of the Vietnam War 1965-1972, Vol. 8 Casualties and Losses* (Washington, D.C.: Office of the Assistant Secretary of Defense, Programs Analysis and Evaluation, 1975).

*13　ロバート・S・マクナマラ（仲晃訳）『マクナマラ回顧録：ベトナムの悲劇と教訓』（共同通信社、1997年）、286頁。

*73 E/CN.4/1016 (January 20, 1970), Introduction, para. 18-19.
*74 E/CN.4/1016/Add. 2 (February 11, 1970), Conclusions, para. 1.
*75 E/CN.4/1016 (January 20, 1970), Ch. 1, para. 22.
*76 Esther Rosalind Cohen, *Human Rights in the Israeli-Occupied Territories, 1967-1982* (Manchester: Manchester University Press, 1985), p. 44.
*77 *ibid.*, pp. 44-45.
*78 Sarah Joseph and Eleanor Jenkin, 'The United Nations Human Rights Council: Is the United States Right to Leave This Club?' *American University International Law Review*, 35:1, 2019.
*79 E/CN.4/1502 (January 18, 1982).
*80 E/CN.4/1502 (January 18, 1982), para. 8-9.
*81 A/41/710 (January 9, 1987).
*82 ラリー・P・グッドソン（沢田博訳）『アフガニスタン：終わりなき争乱の国』（原書房、2001年）、109-113頁；Larry P. Goodson, 'Periodicity and Intensity in the Afghan War,' *Central Asian Survey*, 17:3, 1998, p. 476; William Maley, *The Afghanistan Wars* (London: Red Globe Press, 2020), p. 40.
*83 Tolley, *The U.N. Commission on Human Rights*, pp. 130-131.
*84 Richard Bernstein, 'U.N. Rights Study Finds Afghan Abuses by Soviet,' *The New York Times* (March 1, 1985).
*85 E/CN.4/1985/21 (February 19, 1985), para. 27-32.
*86 E/CN.4/1985/21 (February 19, 1985), para. 97-119.
*87 A/RES/48/141 (January 7, 1994); Thomas G. Weiss, David P. Forsythe, Roger A. Coate, and Kelly-Kate Pease, *The United Nations and Changing World Politics*（8th Edition）(New York: Routledge, 2020), p. 211.
*88 Theo van Boven, 'The United Nations High Commissioner for Human Rights: The History of a Contested Project,' *Leiden Journal of International Law* , 20:4 (December 2007); Julie Mertus, *The United Nations and Human Rights: A Guide for a New Era* (London: Routledge, 2005), pp. 8-36; William A. Schabas, 'The United Nations High Commissioner for Human Rights and International Humanitarian Law,' in International Institute of Humanitarian Law (ed.), *Strengthening Measures for the Respect and Implementation of International Humanitarian Law and Other Rules Protecting Human Dignity in Armed Conflict, 28th Round Table on Current Problems of International Humanitarian Law, Sanremo, 2-4 September 2004* (Sanremo: International Institute of Humanitarian Law, 2004), pp. 196-197.
*89 Felice D. Gaer and Christen L. Broecker, 'Introduction,' in Felice D. Gaer and Christen L. Broecker (eds.), *The United Nations High Commissioner for Human Rights* (Leiden: Martinus Nijhoff Publishers, 2014), p. 6.
*90 U.N. Secretary-General, 'Secretary-General's Address to the Commission on Human Rights' (April 7, 2005) in https://www.un.org/sg/en/content/sg/statement/2005-04-07/secretary-generals-address-commission-human-rights
*91 アンネッテ・ヴァインケ（板橋拓己訳）『ニュルンベルク裁判：ナチ・ドイツは

183-197.

*55 Mark Lewis, *The Birth of The New Justice: the Internationalization of Crime and Punishment, 1919-1950* (Oxford: Oxford University Press, 2014), p. 91.

*56 国際事実調査委員会の設立に関しては、以下を参照。Frits Kalshoven, 'The International Humanitarian Fact-Finding Commission: its Brith and Early Years,' in Erik Denters and Nico Schrijver (eds.), *Reflections on International Law from the Low Countries in Honour of Paul de Waat* (The Hague: Martinus Nijhoff Publishers, 1998).

*57 Nazila Ghanea, 'From UN Commission on Human Rights to UN Human Rights Council: One Step Forwards or Two Steps Sideways?' *International & Comparative Law Quarterly*, 55:3 (July 2006), p. 695.

*58 Howard Tolley Jr., *The U.N. Commission on Human Rights* (New York: Routledge, 2019 [1987]), p. 58.

*59 Ingrid Nifosi, 'The UN Special Procedures in the Field of Human Rights. Institutional History, Practice and Conceptual Framework,' *Deusto Journal of Human Rights*, No. 2 (December 2017), pp. 132-134.

*60 地域ごとの議席は、アフリカ8ヵ国、アジア6ヵ国、東欧4ヵ国、ラテンアメリカ6ヵ国、西欧その他8ヵ国であった（Tolley, *The U.N. Commission on Human Rights*, pp. 32, 56-57)。

*61 Jack Donnelly, 'Human Rights at the United Nations 1955-85: The Question of Bias,' *International Studies Quarterly*, 32:3 (September, 1988), p. 283.

*62 第三次中東戦争については、Wm. Roger Louis and Avi Shlaim (eds.), *The 1967 Arab-Israeli War: Origins and Consequences* (Cambridge: Cambridge University Press, 2012) を参照。

*63 S/RES/237 (14 June 1967).

*64 S/8158 and A/6797 (15 September 1967), para. 2.

*65 テヘラン会議については、髙嶋陽子「「武力紛争における人権」の概念ー1960年代後半の国連における議論の位置付けー」『専修法学論集』第122号、2014年を参照。

*66 *Final Act of the International Conference on Human Rights* (Teheran, 22 April to 13 May 1968) (New York: United Nations, 1968), Resolution XXIII.

*67 Roland Burke, *Decolonization and the Evolution of International Human Rights* (Philadelphia: University of Pennsylvania Press, 2010), pp. 101-102; Steven L. B. Jensen, *The Making of International Human Rights: The 1960s, Decolonization, and the Reconstruction of Global Values* (Cambridge: Cambridge University Press, 2016), p. 189. 1975年には国連総会決議3379で、「シオニズムは人種主義及び人種差別の一形態である」と表明された（A/RES/3379)。

*68 *Final Act of the International Conference on Human Rights*, p. 5.

*69 Burke, *Decolonization and the Evolution of International Human Rights*, p. 110.

*70 その後、セイロン、ソマリア、ユーゴスラビアの3ヵ国が指名された。

*71 E/CN.4/RES/6 (XXV) (March 4, 1969).

*72 E/CN.4/1111 (February 1, 1973), p. 2.

（1991年10月）を参照。

*33 Russel Crandall, *The Salvador Option: The United States in El Salvador, 1977-1992* (New York: Cambridge University Press, 2016), pp. 39-40.

*34 U. S. Department of State, *Communist Interference in El Salvador*, Special Report No. 80, February 23, 1981.

*35 National Security Decision Directive on Cuba and Central America, January 4, 1982 (NSDD-17) in http://fas.org/irp/offdocs/nsdd/nsdd-017.htm

*36 Americas Watch, *El Salvador's Decade of Terror* (New Haven: Yale University Press, 1991), Appendix A, p. 141.

*37 Crandall, *The Salvador Option*, pp. 188-190.

*38 Clifford Krauss, 'U.S., Aware of Killings, Worked with Salvador's Rightists, Papers Suggest,' *The New York Times* (November 9, 1993).

*39 T. B. Jabine and R. P. Claude (eds.), *Human Rights and Statistics* (Philadelphia: University of Pennsylvania Press, 1992), pp. 100-102.

*40 Americas Watch, *U.S. Reporting on Human Rights in El Salvador: Methodology at Odds with Knowledge* (New York: Americas Watch, 1982 June), p. 13.

*41 Oscar Romero, *A Shepherd's Diary* (translated by Irene B. Hodgson) (London: CAFOD, 1993), pp. 19, 360

*42 Roberto Cuéllar with a response by Rev. R. S. Pelton, 'The Legal Aid Heritage of Oscar Romero,' in Rev. Robert S. Pelton, et al., *Archbishop Romero and Spiritual Leadership in the Modern World* (Maryland: Lexington Books, 2015), p. 150.

*43 Americas Watch, *El Salvador's Decade of Terror*, pp. 71-85.

*44 Romero, *A Shepherd's Diary*, p. 15.

*45 Jabine and Claude, *Human Rights and Statistics*, p. 101.

*46 Aryeh Neier, *The International Human Rights Movement* (Princeton: Princeton Univeristy Press, 2012), p. 206.

*47 Aryeh Neier, *Taking Liberties: Four Decades in the Struggle for Rights* (New York: Public Affairs, 2003), p. 153.

*48 *Ibid.*, pp. 166-167.

*49 Americas Watch Committee, *Report on Human Rights in El Salvador* (Washington, D. C.: The Union, 1982). 報告書の発表は新聞でも報じられた。David Shribman, 'Two Groups in U.S. Contend El Salvador Violates Civil Rights,' *The New York Times* (January 27, 1982); John M. Goshko, 'ACLU Criticizes El Salvador Over Human Rights Record,' *The Washington Post* (January 27, 1982).

*50 Americas Watch, *U.S. Reporting on Human Rights*.

*51 Americas Watch, *El Salvador's Decade of Terror*, p. 121.

*52 Americas Watch and ACLU, *Third Supplement to the Report on Human Rights in El Salvador* (New York: Americas Watch Committee, 1983).

*53 The Commission on the Truth for El Salvador, *From Madness to Hope: The 12-year War in El Salvador* (April 1993).

*54 Lawyers Committee for International Human Rights and Americas Watch, *El Salvador's Other Victims: The War on the Displaced* (New York: April 1984), pp.

Biafra (1967-1970),' *Relations internationales*, no. 146/2011, pp. 100-102.

*15 *ibid.*

*16 これはICRCの守秘義務規定に反するものだったが、ICRC本部は逆にそれを評価し、ICRCが定期的に出版しているジャーナルに転載した。*Revue internationale de la Croix-Rouge* (Janvier 1969), 51[e] année, no. 601, pp. 15-21.

*17 Ginny Hill, *Yemen Endures: Civil War, Saudi Adventurism and the Future of Arabia* (Oxford: Oxford University Press, 2017), pp. 9-32; Asher Orkaby, 'The Yemeni Civil War: The Final British-Egyptian Imperial Battleground,' *Middle Eastern Studies*, 51:2, 2015.

*18 Cited in Hill, *Yemen Endures*, p. 32.

*19 ICRC, *Annual Report 1967* (Geneva, 1968), pp. 15-17.

*20 クシュネルによる批判としては、例えば、Bernard Kouchner, *Charité business* (Paris: Le Pré aux clercs, 1986), pp. 214-217.

*21 ICRCの戦略については、Joe Cropp, *The Humanitarian Fix: Navigating Civilian Protection in Contemporary Wars* (Abingdon: Routledge, 2021) を参照。

*22 Peter Redfield, 'A Less Modest Witness,' *American Ethnologist*, 33:1.

*23 Anthony Cullen, *The Concept of Non-International Armed Conflict in International Humanitarian Law* (Cambridge: Cambridge University Press, 2010); Giovanni Mantilla, *Lawmaking under Pressure: International Humanitarian Law and Internal Armed Conflict* (Ithaca: Cornell University Press, 2020).

*24 Samuel Moyn, *The Last Utopia: Human Rights in History* (Cambridge: Belknap, 2010), pp. 129-130.

*25 P. W. Kelly, '"Magic Words": The Advent of Transnational Human Rights Activism in Latin America's Southern Cone in the Long 1970s,' in S. Moyn and J. Eckel (eds.), *The Breakthrough: Human Rights in the 1970s* (Philadelphia: University of Pennsylvania Press, 2013).

*26 C. W. Walldorf, Jr. *Just Politics: Human Rights and the Foreign Policy of Great Powers* (Ithaca: Cornell University Press, 2008), pp. 74-111.

*27 アメリカでの人権運動と中南米の関係について、Mark Philip Bradley, *The World Reimagined: Americans and Human Rights in the Twentieth Century* (Cambridge: Cambridge University Press, 2016), pp. 156-225 を参照。

*28 ヤン・ヴェルナー・ミュラー（板橋拓己、田口晃監訳）『試される民主主義』（岩波書店、2019年）、下、159頁。また、Moyn, *The Last Utopia*, Ch. 4も参照。

*29 Julie Mazzei, *Death Squads or Self-Defense Forces?* (Chapel Hill: University of North Carolina Press, 2009).

*30 ロバート・アームストロング、ジャネット・シェンク（土屋宏之ほか訳）『エルサルバドル：革命の背景』（ありえす書房、1984年）、282-286頁。

*31 E. J. Wood, *Insurgent Collective Action and Civil War in El Salvador* (Cambridge: Cambridge University Press, 2003), pp. 122-123.

*32 アームストロング、シェンク、前掲書、注30、262-270頁。キリスト教民主党が政権を獲得した時期の政治的展開については、田中高「エルサルバドル　一九八四－八九年－PDC政権の五年間とARENA政権の誕生－」『国際政治』第98号

Press, 2011); Heike Krieger (ed.), *Inducing Compliance with International Humanitarian Law: Lessons from the African Great Lakes Region* (Cambridge: Cambridge University Press, 2015); Philip Alston and Sarah Knuckey (eds.), *The Transformation of Human Rights Fact-Finding* (New York: Oxford University Press, 2016); Mark Lattimer and Philippe Sands (eds.), *The Gray Zone: Civilian Protection between Human Rights and the Laws of War* (Oxford: Hart Publishing, 2018) などがある。

＊2 David P. Forsythe, *The Humanitarians: The International Committee of the Red Cross* (Cambridge: Cambridge University Press, 2005), p. 194.

＊3 この問題についての代表的な研究として、Jean-Claude Favez, *The Red Cross and the Holocaust* (edited and translated by John and Beryl Fletcher) (New York: Cambridge University Press, 1999).

＊4 Sebastien Farre, 'The ICRC and the Detainees in Nazi Concentration Camps (1942-1945),' *International Review of the Red Cross*, 94:888 (Winter 2012).

＊5 *ibid.*, pp. 1403, 1408.

＊6 I. Herrmann and D. Palmieri, 'Humanitarianism and Massacres: The Example of the International Committee of the Red Cross,' in J. Semelin, C. Andrieu, and S. Gensburger (eds.), *Resisting Genocide* (Oxford: OUP, 2013); Forsythe, *Humanitarians*, p. 39.

＊7 Forsythe, *Humanitarians*, pp. 54-55.

＊8 フィリップ・サンズ（園部哲訳）『ニュルンベルク合流：「ジェノサイド」と「人道に対する罪」の起源』（白水社、2018年）、ならびにサマンサ・パワー（星野尚美訳）『集団人間破壊の時代：平和維持活動の現実と市民の役割』（ミネルヴァ書房、2010年）、第4章を参照。

＊9 John Stremlau, *The International Politics of the Nigerian Civil War, 1967-1970* (Princeton: Princeton University Press, 1977), pp. 29-80; Lasse Heerten, *The Biafran War and Postcolonial Humanitarianism: Spectacles of Suffering* (Cambridge: Cambridge University Press, 2017), pp. 44-82.

＊10 Marie-Luce Desgrandchamps, '«Organiser à l'avance l'imprévisible»: la guerre Nigéria-Biafra et son impact sur le CICR,' *Revue internationale de la Croix-Rouge*, 94:888, 2012, p. 226.

＊11 *ibid.*, p. 229.

＊12 Lasse Heerten, '"A" as in Auschwitz, "B" as in Biafra: The Nigerian Civil War, Visual Narratives of Genocide, and the Fragmented Universalization of the Holocaust,' in H. Fehrenbach and D. Rodogno (eds.), *Humanitarian Photography: A History* (New York: Cambridge University Press, 2015); Daniel Navon, '"We Are a People, One People": How 1967 Transformed Holocaust Memory and Jewish Identity in Israel and the US,' *Journal of Historical Sociology*, 28:3, September 2015.

＊13 Stremlau, *International Politics*, pp. 68, 110-117.

＊14 Marie-Luce Desgrandchamps, 'Revenir sur le mythe fondateur de Médecins sans frontières: les relations entre les médecins français et le cicr pendant la guerre du

ICRCのコメンタリーとは何か。一般的に、法律には注釈書が付けられることがある。法律は抽象的で意味がはっきりしない文言もあるため、注釈書でその内容を補うのである。コメンタリーとは、法律そのものではないが、条文の背景や具体的な法解釈を提示する文書のことである。背景や解釈を提示する以上、コメンタリーには少なからぬ影響力がある。その法律の適用可能性を検討するうえでは、どうしても無視することができない。ICRCはジュネーブ諸条約をはじめ、国際人道法の成立を推進してきた組織である。それゆえ、人道法に関する法解釈を論じる権威が認められており、そのコメンタリーには一定の影響力が備わっている。ここで主に取り上げるのは1958年に書かれたICRCのコメンタリーであるが、これは法学者ジャン・ピクテが監修したものである。ジュネーブ諸条約が成立した1949年の外交会議のなかで、ピクテはICRC代表および法律部門のトップとして活躍した。彼は1949年の諸条約の起草に携わり、後に諸条約の「設計者」と呼ばれた。この点については、Rey-Schyrr, *From Yalta to Dien Bien Phu*, p. 214, note 15 ならびにAlexandre Hay et al., 'A Tribute to Jean Pictet,' *International Review of the Red Cross*, 19:210 (June 1979), pp. 115-129を参照。

*51 *Final Record of the Diplomatic Conference of Geneva of 1949* (Berne: Federal Political Department, 1963), Vol. 2, Section A, pp. 626-630; Best, *War and Law since 1945*, p. 116.

*52 Howard S. Levie, 'Prisoners of War and the Protecting Power,' *The American Journal of International Law*, 55:2, April 1961.

*53 Mark Lewis, *The Birth of the New Justice: the Internationalization of Crime and Punishment, 1919-1950* (Oxford: Oxford University Press, 2014), pp. 229-273; Boyd van Dijk, *Preparing for War: The Making of the Geneva Conventions* (Oxford: Oxford University Press, 2022), pp. 265-295.

*54 Sahr Conway-Lanz, 'The Struggle to Fight a Humane War: The United States, the Korean War, and the 1949 Geneva Conventions,' in Matthew Evangelista and Nina Tannenwald (eds.), *Do the Geneva Conventions Matter?* (New York: Oxford University Press, 2017), p. 73.

*55 Secretary Acheson, 'North Korea Slanders U.N. Forces to Hide Guilt of Aggression,' *U.S. Department of State Bulletin*, September 18, 1950, p. 454.

*56 Charles J. Hanley, Sang-Hun Choe, and Martha Mendoza, *The Bridge at No Gun Ri: A Hidden Nightmare from the Korean War* (New York: Henry Holt and Co, 2001).

*57 Sahr Conway-Lanz, 'The Ethics of Bombing Civilians After World War II: The Persistence of Norms Against Targeting Civilians in the Korean War,' *The Asia-Pacific Journal*, 12:37, No. 1, 2014. ならびに、ブルース・カミングス（栗原泉、山岡由美訳）『朝鮮戦争論：忘れられたジェノサイド』（明石書店、2014年）、183頁。

**第3章**

＊1 国際人道法の履行監視に関連する先行研究として、Michael Barnett, *Empire of Humanity: A History of Humanitarianism* (Ithaca and London: Cornell University

*29 Nabulsi, *Traditions of War*, pp. 19-65.
*30 Hague Regulations of 1907, Annex to the Convention: Regulations Respecting the Laws and Customs of War on Land, Article 47; Amanda Alexander, 'The Genesis of the Civilian,' *Leiden Journal of International Law*, 20, 2007, pp. 364-365.
*31 ウィリアム・H・マクニール（高橋均訳）『戦争の世界史：技術と軍隊と社会』（中央公論新社、2014年）、下、150-151頁。
*32 同上、202-260頁。
*33 Sven Lindqvist, *A History of Bombing* (translated by Linda Haverty Rugg) (London: Granta, 2012), sect. 76-82.
*34 M. Kirby and R. Capey, 'The Area Bombing of Germany in World War II: An Operational Research Perspective,' *Journal of the Operational Research Society*, 48:7, 1997.
*35 ロバート・M・ニーア（田口俊樹訳）『ナパーム空爆史』（太田出版、2016年）。
*36 マイケル・ウォルツァー（萩原能久監訳）『正しい戦争と不正な戦争』（風行社、2008年）、468-479頁；前田哲男『戦略爆撃の思想：ゲルニカ、重慶、広島　改訂版』（凱風社、2006年）、475-477頁。
*37 Mégret, 'From "Savages" to "Unlawful Combatants."'
*38 Kirby and Capey, 'The Area Bombing of Germany.'
*39 椎名麻紗枝『原爆犯罪：被爆者はなぜ放置されたか』（大月書店、1985年）。
*40 Cited in Catherine Rey-Schyrr, *From Yalta to Dien Bien Phu: History of the International Committee of the Red Cross 1945 to 1955* (Geneva: ICRC, 2017), p. 219. 他方、フーバーの思想と行動の保守主義的性質については、Jean-Claude Favez, *The Red Cross and the Holocaust* (edited and translated by John and Beryl Fletcher) (New York: Cambridge University Press, 1999), pp. 129-130.
*41 Rey-Schyrr, *From Yalta to Dien Bien Phu*, pp. 210-211.
*42 Principles of International Law Recognized in the Charter of the Nürnberg Tribunal and in the Judgment of the Tribunal, Principle VI (b) and (c).
*43 Rey-Schyrr, *From Yalta to Dien Bien Phu*, pp. 212-216.
*44 Giovanni Mantilla, *Lawmaking under Pressure: International Humanitarian Law and Internal Armed Conflict* (Ithaca: Cornell University Press, 2020), pp. 69-72.
*45 Rey-Schyrr, *From Yalta to Dien Bien Phu*, p. 218.
*46 Boyd van Dijk, '"The Great Humanitarian": The Soviet Union, the International Committee of the Red Cross, and the Geneva Conventions of 1949,' *Law and History Review*, 37:1 (February 2019), pp. 220-221.
*47 Rey-Schyrr, *From Yalta to Dien Bien Phu*, p. 224-225.
*48 ソ連の参加の動機などについては、Dijk, 'The Great Humanitarian' を参照。
*49 Rey-Schyrr, *From Yalta to Dien Bien Phu*, p. 252.
*50 ここでは第4条約における文民の在り方を読み解くために、諸条約成立までの会議記録やICRCのコメンタリー、とりわけ1958年に発表された文民保護条約に関するコメンタリーを参照した。Jean Pictet (ed.), *Commentary IV Geneva Convention: Relative to the Protection of Civilian Persons in Time of War* (Geneva: International Committee of the Red Cross, 1958).

(eds.), *Do the Geneva Conventions Matter?* (New York: Oxford University Press, 2017), p. 45.

*10 マイケル・ハワード（奥村房夫、奥村大作訳）『改定版ヨーロッパ史における戦争』（中央公論新社、2010年）、97頁。

*11 同上、98頁。

*12 Emer de Vattel, *The Law of Nations, Or, Principles of the Law of Nature, Applied to the Conduct and Affairs of Nations and Sovereigns, with Three Early Essays on the Origin and Nature of Natural Law and on Luxury* (edited and with an Introduction by Béla Kapossy and Richard Whitmore) (Indianapolis: Liberty Fund, 2008), Book III, Ch. V, para. 69.

*13 *Ibid.*, Book III, Ch. V, para. 72.

*14 *Ibid.*, Book III, Ch. XIII, para. 193-200.

*15 ルソー（小林善彦、井上幸治訳）『人間不平等起原論・社会契約論』（中央公論新社、2005年）、217頁。

*16 Eyal Benvenisti, 'The Origins of the Concept of Belligerent Occupation,' *Law and History Review*, 26:3, 2008, pp. 625-626.

*17 山内進「人の掠奪とルソー・ポルタリス原則」柳井俊二、村瀬信也（編）『国際法の実践：小松一郎大使追悼』（信山社、2015年）; Best, *Humanity in Warfare*, pp. 96-97.

*18 マーチン・ファン・クレフェルト（佐藤佐三郎訳）『補給戦：何が勝敗を決定するのか』（中央公論新社、2006年）、67-68頁。

*19 同上、74-107頁；ジェフリー・エリス（杉本淑彦、中山俊訳）『ナポレオン帝国』（岩波書店、2008年）、131頁。

*20 クレフェルト、前掲書、注18、166-176頁。

*21 Lars Mjøset and Stephen Van Holde, 'Killing for the State, Dying for the Nation: An Introductory Essay on the Life Cycle of Conscription into Europe's Armed Forces,' *The Comparative Study of Conscription in the Armed Forces*, Vol. 20, 2002, p. 33; ハワード、前掲書、注10、136-144頁。

*22 Karma Nabulsi, *Traditions of War: Occupation, Resistance, and the Law* (Oxford: Oxford University Press, 1999), pp. 22-27. 当時、フランス軍の徴発などにより、文民が具体的にどのような被害を受けたかについては、たとえば、Doina Pasca Harsanyi, 'Surviving Napoleon. A Case Study of Small Town Discursive Strategies during the Piacentino Rebellion (1805-1806),' *Modern Italy*, 22:3, June 2017 を参照。

*23 Mjøset and Van Holde, 'Killing for the State,' pp. 35, 42.

*24 *ibid.*, pp. 46-59.

*25 *ibid.*, p. 37.

*26 Carl Von Clausewitz, *On War* (edited and translated by Michael Howard and Peter Paret) (Princeton: Princeton University Press, 1976), p. 480.

*27 *Ibid.*

*28 Isabel V. Hull, *Absolute Destruction: Military Culture and the Practices of War in Imperial Germany* (Ithaca: Cornell University Press, 2005), pp. 117-119.

Repatriation and Expatriation of British Bodies during and after,' in Paul Cornish and Nicholas J. Saunders (eds.), *Bodies in Conflict: Corporeality, Materiality and Transformation* (London: Routledge, 2014).

*115 Michèle Barrett, 'Sent Missing in Africa' in http://www.michelebarrett.com/wp-content/uploads/2019/11/Sent-Missing-in-Africa.pdf, p. 2. ほかにも Michèle Barrett, 'White Graves and Natives,' in Paul Cornish and Nicholas J. Saunders (eds.), *Bodies in Conflict: Corporeality, Materiality, and Transformation* (London: Routledge, 2014); Michèle Barrett, 'Subalterns at War: First World War Colonial Forces and the Politics of the Imperial War Graves Commission,' *Interventions*, 9:3, pp. 451-474. フランスでも類似の問題が存在したとの指摘として、Sherman, *The Construction of Memory in Interwar France*, p. 101.

第2章

*1 OHCHR, 'Ukraine: Civilian Casualty Update 22 August 2022' (August 22, 2022) in https://www.ohchr.org/en/news/2022/08/ukraine-civilian-casualty-update-22-august-2022

*2 古典的な先行研究として知られているのが、Geoffrey Best, *Humanity in Warfare: The Modern History of the International Law of Armed Conflicts* (London: Weidenfeld and Nicolson, 1980) と Geoffrey Best, *War and Law since 1945* (Oxford: Clarendon Press, 1994) の二冊である。文民の定義・範囲の変容の歴史という問題にいち早く取り組んだのが Hellen M. Kinsella, *The Image before the Weapon: A Critical History of the Distinction between Combatant and Civilian* (Ithaca, N.Y.: Cornell University Press, 2011) である。

*3 Robert Schütte, *Civilian Protection in Armed Conflicts: Evolution, Challenges and Implementation* (Wiesbaden: Springer VS, 2015), p. 20. 同様の指摘として Kinsella, *The Image before the Weapon*, pp. 6-7.

*4 Kinsella, *The Image before the Weapon*, pp. 28-29.

*5 Richard Shelly Hartigan, *The Forgotten Victim: A History of the Civilian* (Chicago: Precedent, 1982); Colm McKeogh, *Innocent Civilians: The Morality of Killing in War* (Basingstoke: Palgrave, 2002).

*6 Hartigan, *The Forgotten Victim*.

*7 Frédéric Mégret, 'From "Savages" to "Unlawful Combatants": A Postcolonial Look at International Law's "Other",' in Anne Orford (ed.), *International Law and Its Others* (Cambridge: Cambridge University Press, 2006); Kinsella, *The Image before the Weapon*.

*8 Huw Bennett, *Fighting the Mau Mau: The British Army and Counter-Insurgency in the Kenya Emergency* (Cambridge: Cambridge University Press, 2013), pp. 61-82; Fabian Klose, *Human Rights in the Shadow of Colonial Violence* (translated by Dona Geyer) (Philadelphia: University of Pennsylvania Press, 2013), pp. 92-137.

*9 藤田久一『新版　国際人道法　再増補』(有信堂高文社、2003年)、25-27頁；Giovanni Mantilla, 'The Origins and Evolution of the 1949 Geneva Conventions and the 1977 Additional Protocols,' in Matthew Evangelista and Nina Tannenwald

Law,' *Journal of History of International Law*, No. 4, 2002; Dietrich Schindler, 'J. C. Bluntschli's Contribution to the Law of War,' in Marcelo G. Kohen (ed.), *Promoting Justice, Human Rights and Conflict Resolution through International Law* (Leiden: Martinus Nijhoff Publishers, 2007).

*90 Silja Vöneky, 'Francis Lieber (1798-1872),' in Bardo Fassbender and Anne Peters (eds.), *The Oxford Handbook of the History of International Law* (Oxford: Oxford University Press, 2012).

*91 Schindler, 'J. C. Bluntschli's Contribution to the Law of War.'

*92 Koskenniemi, *The Gentle Civilizer of Nations*, Ch. 2.

*93 有賀長雄『万国戦時公法：陸戦条規』（陸軍大学校、1894年）、53-55頁。松下、前掲書、注60、５頁。

*94 Antoine Prost, 'The Dead,' in Jay Winter (ed.), *The Cambridge History of the First World War* (Cambridge: Cambridge University Press, 2014).

*95 Emmanuel Pénicaut, 'Quand le militaire se fait officier d'état civil: l'état civil militaire pendant la Grande Guerre,' in Isabelle Homer et Emmanuel Pénicaut (dir.), *Le soldat et la mort dans la Grande Guerre* (Rennes, 2016), p. 81.

*96 *ibid.*, p. 82.

*97 *ibid.*, p. 84; Alexandre Lafon, 'Un difficile bilan chiffré des pertes combattantes: l'exemple français,' in Isabelle Homer et Emmanuel Pénicaut (dir.), *Le soldat et la mort dans la Grande Guerre* (Rennes, 2016), p. 43.

*98 Harouel-Bureloup, 'Identifier les corps des militaires morts au combat,' p. 386.

*99 Ashbridge and Verdegem, 'Identity Discs,' p. 4.

*100 Pénicaut, 'Quand le militaire se fait officier d'état civil,' pp. 86-87.

*101 Lafon, 'Un difficile bilan chiffré des pertes combattantes,' p. 45.

*102 *ibid.*, p. 49.

*103 André Durand, *From Sarajevo to Hiroshima* (Geneva: Henry Dunant Institute, 1984), pp. 35-40.

*104 *ibid.*, p. 40.

*105 Robert Sackville-West, *The Searchers: The Quest for the Lost of the First World War* (London: Bloomsbury, 2021), Ch. 1.

*106 Durand, *From Sarajevo to Hiroshima*, p. 41.

*107 *ibid.*, p. 41.

*108 Sackville-West, *The Searchers*, Ch. 2.

*109 Eric F. Schneider, 'The British Red Cross Wounded and Missing Enquiry Bureau: A Case of Truth-Telling in the Great War,' *War in History*, 4:3, 1997, p. 299.

*110 Lindsey Cameron, 'The ICRC in the First World War: Unwavering Belief in the Power of Law?' *International Review of the Red Cross*, 97:900, 2015, pp. 1099-1120.

*111 Flucher, 'Modes et lieux d'inhumation,' p. 114.

*112 *ibid.*, pp. 114-116.

*113 Sackville-West, *The Searchers*, pp. 128-133.

*114 Dominiek Dendooven, '"Bringing the Dead Home": Repatriation, Illegal

2021年)、さらに井上、前掲書、注7、第五章を参照。
*59 松下佐知子「日露戦争における国際法の発信－有賀長雄を起点として－」『軍事史学』第40巻第2・3号（錦正社、2004年)。
*60 松下佐知子「有賀長雄の対外戦争経験と「仁愛主義」――日清・日露戦争期――」『年報近現代史研究』第5号（2013年3月)、6頁。
*61 有賀長雄『日清戦役国際法論』(陸軍大学校、1896年)、127頁。
*62 同上、132頁。
*63 同上、129-131頁。
*64 有賀長雄『日露陸戦国際法論』(東京偕行社、1911年)、256頁。
*65 同上、287-295頁。
*66 Shimazu, *Japanese Society at War*, p. 169.
*67 Edward Steere and Thayer M. Boardman, *Final Disposition of World War II Dead 1945-1951* (Washington D.C.: Office of the Quartermaster General, 1957), pp. 460-462.
*68 1903年と1904年に二度、ICRCは外交会議の開催を試みたが、日露戦争勃発を含む幾つかの理由から開催を実現できずにいた（Bossier, *From Solferino to Tsushima*, pp. 373-374)。
*69 *Actes de la Conférence de Révision réunie à Genève du 11 juin au 6 juillet 1906* (Genève: Imprimerie H. Jarrys, 1906), p. 70.
*70 *ibid.*, p. 71.
*71 *ibid.*
*72 *ibid.*, pp. 71-73.
*73 *ibid.*, p. 76.
*74 *ibid.*
*75 *ibid.*, p. 77.
*76 1949年のジュネーブ諸条約の第1条約第14、15、16条。
*77 フランソワ・ブニョン（廣渡太郎訳)『赤十字と国際法の推進者　ギュスターフ・モアニエ伝』(日本赤十字国際人道研究センター、2020年)。
*78 Moynier, *Etude sur la Convention de Genève*.
*79 *ibid.*, p. 1.
*80 *ibid.*, pp. 2-3.
*81 *ibid.*, p. 12.
*82 *ibid.*, p. 4.
*83 *ibid.*, p. 6.
*84 *ibid.*, pp. 296-297.
*85 *ibid.*, p. 301.
*86 *ibid.*, p. 9.
*87 *ibid.*, p. 10.
*88 *ibid.*, pp. 11-12.
*89 Martti Koskenniemi, *The Gentle Civilizer of Nations: The Rise and Fall of International Law 1870-1960* (Cambridge: Cambridge University Press, 2001), Ch. 1; Besty Baker Röben, 'The Method behind Bluntschli's Modern International

*35 Boissier, *From Solferino to Tsushima*, pp. 251-252.
*36 Michael Clodfelter, *Warfare and Armed Conflicts: A Statistical Reference to Casualty and Other Figures, 1500-2000* (London: McFarland, 2002), pp. 210-211.
*37 Luc Capdevila et Danièle Voldman, 'Du numéro matricule au code génétique: la manipulation du corps des tués de la guerre en quête d'identité,' *Revue internationale de la Croix-Rouge*, décembre 2002, vol. 84, no. 848, pp. 756-757.
*38 Boissier, *From Solferino to Tsushima*, p. 263.
*39 Isabelle Vonèche Cardia, 'The International Committee of the Red Cross: Identifying the Dead and Tracing Missing Persons – A Historical Perspective,' in Marc-Antoine Pérouse de Montclos, Elizabeth Minor, and Samrat Sinha (eds.), *Violence, Statistics, and the Politics of Accounting for the Dead* (Wiesbaden: Springer VS, 2015), p. 74.
*40 Boissier, *From Solferino to Tsushima*, p. 264; Vonèche Cardia, 'The International Committee of the Red Cross,' p. 75.
*41 Boissier, *From Solferino to Tsushima*, p. 265.
*42 Vonèche Cardia, 'The International Committee of the Red Cross,' p. 75.
*43 Guy Flucher, 'Modes et lieux d'inhumation, du champ de bataille aux nécropoles nationales,' in Isabelle Homer et Emmanuel Pénicaut (dir.), *Le soldat et la mort dans la Grande Guerre* (Rennes, 2016), p. 114.
*44 Karine Varley, 'Under the Shadow of Defeat: The State and the Commemoration of the Franco-Prussian War, 1871-1914,' *French History*, 16:3, September 2002.
*45 Clodfelter, *Warfare and Armed Conflicts*, p. 331.
*46 General Orders No. 75 (September 11, 1861); Edward Steere, *The Graves Registration Service in World War II* (Washington, D.C.: U.S. G.P.O., 1951), p. 3.
*47 General Orders No. 33 (April 3, 1862); Steere, *The Graves Registration Service*, pp. 4-5.
*48 Steere, *The Graves Registration Service*, p. 9.
*49 *ibid.*
*50 ドルー・ギルピン・ファウスト（黒沢眞里子訳）『戦死とアメリカ：南北戦争62万人の死の意味』（彩流社、2010年）、117-118頁。
*51 同上、120頁。
*52 同上、122頁。
*53 同上、130頁。アメリカ南北戦争での認識票については、Larry B. Maier and Joseph W. Stahl, *Identification Discs of Union Soldiers in the Civil War* (Jefferson: McFarland & Co., Publishers, 2008) を参照。
*54 Clodfelter, *Warfare and Armed Conflicts*, p. 287.
*55 Steere, *The Graves Registration Service*, p. 10.
*56 *ibid.*, pp. 10-11.
*57 Naoko Shimazu, *Japanese Society at War: Death, Memory and the Russo-Japanese War* (Cambridge: Cambridge University Press, 2009), pp. 167-176.
*58 日本の赤十字の歴史については、吉川龍子『日赤の創始者：佐野常民』（吉川弘文館、2001年）、小菅信子『日本赤十字社と皇室：博愛か報国か』（吉川弘文館、

by Harald Westergaard) (Oxford: The Clarendon Press, 1916), p. 58.

*13 当時、この会議は「赤十字国際会議」と呼ばれていたわけではなかった。議事録には「パリ国際会議」と記されている。

*14 Boissier, *From Solferino to Tsushima*, p. 199.

*15 各国の赤十字社はまだそれぞれの名称で呼ばれており、赤十字社という共通の名称ではなかった。ここでは名称の混乱を避けるため、救護社と呼ぶ。

*16 Gustave Moynier, *Etude sur la Convention de Genève pour l'amélioration du sort des militaires blessés dans les armées en campagne, 1864 et 1868* (New York: Kessinger Publishing, 2010 [1870]), pp. 272-275.

*17 *ibid.*, pp. 280-282.

*18 *Conférences internationales à Paris. Sociétés de secours aux blessés militaires des armées de terre et de mer. Tenues à Paris en 1867.* (Paris: Commission générale des Délégués and Imprimerie Baillière & Fils), p. 89.

*19 Boissier, *From Solferino to Tsushima*, p. 209.

*20 Moynier, *Etude sur la Convention de Genève*, p. 114.

*21 *Conférences internationales à Paris*, pp. 90-94.

*22 *ibid.*, p. 91.

*23 Mosse, *Fallen Soldiers*, p. 47.

*24 日本では第二次世界大戦の時期に「戦死をめぐる慰霊の体系」が構築され、戦死を顕彰することで、さらなる動員につなげる構造になったという指摘がある（藤井忠俊『兵たちの戦争』〔朝日新聞出版、2019年〕、248-255頁）。このことに鑑みれば、ヨーロッパでの戦死の個人化が、軍隊への動員とどのような関係にあったのかは、重要な論点であろう。

*25 *Conférences internationales à Paris*, pp. 91-93.

*26 *ibid.*, pp. 133-134.

*27 *ibid.*, pp. 134-135.

*28 Ganschow, 'Identification of the Fallen,' p. 30; Sarah I. Ashbridge and David O'Mara, 'The *Erkennungsmarke*: The Humanitarian Duty to Identify Fallen German Soldiers 1866-1918,' *Journal of Conflict Archaeology*, 15:3, 2020, p. 194; Sarah I. Ashbridge and Simon Verdegem, 'Identity Discs: The Recovery and Identification of First World War Soldiers Located during Archaeological Works on the Former Western Front,' *Forensic Science International*, 317, 2020, pp. 2-3.

*29 *Conférences internationales à Paris*, p. 137.

*30 Harouel-Bureloup, 'Identifier les corps des militaires morts au combat,' pp. 379-382.

*31 Wawro, *Warfare and Society in Europe*, pp. 101-107.

*32 John F. Hutchinson, *Champions of Charity: War and the Rise of the Red Cross* (Oxford: Westview Press, 1996), pp. 117-121; Boissier, *From Solferino to Tsushima*, p. 247.

*33 Hutchinson, *Champions of Charity*, p. 256.

*34 Hutchinson, *Champions of Charity*, pp. 109-117; Boissier, *From Solferino to Tsushima*, p. 247.

（死者や墳墓の登録）である。

＊3　本章に関する先行研究は大まかに二つに分けることができる。ひとつが兵士の身元確認に関する研究で、Luc Capdevila and Danièle Voldman, *War Dead: Western Societies and the Casualties of War* (Translated by Richard Veasey) (Edinburgh: Edinburgh University Press, 2006); Veronique Harouel-Bureloup, 'Identifier les corps des militaires morts au combat,' in *Revue historique de droit français et etranger*, No 3 Juillet-Septembre 2017 Trimestrielle; Jan P. P. Ganschow, 'Identification of the Fallen: The Supply of "Dog Tags" to Soldiers as a Commandment of the Laws of War,' *New Zealand Armed Forces Law Review*, Vol 9, 2009 などがある。

もうひとつが遺体の埋葬方法についての研究で、たとえば、George L. Mosse, *Fallen Soldiers: Reshaping the Memory of the World Wars* (New York: Oxford University Press, 1990); Thomas W. Laqueur, *The Work of the Dead: A Cultural History of Mortal Remains* (Princeton: Princeton University Press, 2015); Simon Harold Walker, *Physical Control, Transformation and Damage in the First World War: War Bodies* (London: Bloomsbury Academic, 2021); Daniel J. Sherman, *The Construction of Memory in Interwar France* (Chicago: The University of Chicago Press, 1999) がある。さらに日本の戦没者の埋葬についての研究として、たとえば、栗原俊雄『遺骨：戦没者三一〇万人の戦後史』（岩波書店、2015年）、浜井和史『海外戦没者の戦後史：遺骨帰還と慰霊』（吉川弘文館、2014年）、波平恵美子『日本人の死のかたち：伝統儀礼から靖国まで』（朝日新聞社、2004年）などがある。

＊4　Mosse, *Fallen Soldiers*, pp. 44-45; Thomas W. Laqueur, 'Memory and Naming in the Great War,' in John R. Gillis (ed.), *Commemorations: The Politics of National Identity* (Princeton: Princeton University Press, 1994), pp. 151-152.

＊5　ポーリン・ボス（中島聡美、石井千賀子監訳）『あいまいな喪失とトラウマからの回復：家族とコミュニティのレジリエンス』（誠信書房、2015年）、5頁。

＊6　同上、14頁。

＊7　デュナンをはじめ、赤十字の初期の歴史については、井上忠男『戦争と国際人道法：その歴史と赤十字のあゆみ』（東信堂、2015年）を参照。ほかにも Pierre Boissier, *From Solferino to Tsushima: History of the International Committee of the Red Cross* (Geneva: Henry Dunant Institute, 1985), Ch. 2 and 3; James Crossland, *War, Law and Humanity: The Campaign to Control Warfare, 1853-1914* (London: Bloomsbury, 2018), Ch. 4.

＊8　Geoffrey Wawro, *Warfare and Society in Europe, 1792-1914* (Abingdon: Routledge, 2000), pp. 65-71.

＊9　アンリー・デュナン（木内利三郎訳）『ソルフェリーノの思い出（新装版）』（日赤サービス、2011年）、52-53頁（Henry Dunant, *Un Souvenir de Solférino* 〔Genève: CICR, 1862〕, p. 41）。邦訳につき、一部修正。

＊10　Wawro, *Warfare and Society in Europe*, pp. 84-91.

＊11　Boissier, *From Solferino to Tsushima*, pp. 183-184.

＊12　Gaston Bodart, *Losses of Life in Modern Wars: Austria-Hungary; France* (edited

間の戦争を対象としたが、その戦争の要件として、いずれか一方の国による戦意の表明が求められた（法律上の戦争）。戦意の表明とは、たとえば、開戦の宣言や最後通牒を指す。戦意の表明がない場合、それは戦争に至らない武力行使と見なされたが、第一次世界大戦以後、戦意の表明をせずに戦争と同じ敵対行為を行う事例が多くなった（事実上の戦争）。法律上の戦争と事実上の戦争が混在する状況に対応するために、国際法では戦争に代わり、「武力紛争」という概念が使用されるようになった（藤田久一『新版　国際人道法　再増補』〔有信堂高文社、2003年〕、68-70頁）。しかし、本書では戦争の要件に戦意の表明を含まず、敵対行為の様態を戦争の定義にすることから、武力紛争と戦争を同義で用いる。

*32　文民の保護に関する先行研究は膨大に存在するが、例えば、Colm McKeogh, *Innocent Civilians: The Morality of Killing in War* (Basingstoke: Palgrave, 2002); Hellen M. Kinsella, *The Image before the Weapon: A Critical History of the Distinction between Combatant and Civilian* (Ithaca, N.Y.: Cornell University Press, 2011); Robert Schütte, *Civilian Protection in Armed Conflicts: Evolution, Challenges and Implementation* (Wiesbaden: Springer VS, 2015); Haidi Willmot et al. (eds.), *Protection of Civilians* (Oxford: Oxford University Press, 2016); Joe Cropp, *The Humanitarian Fix: Navigating Civilian Protection in Contemporary Wars* (Abingdon: Routledge, 2021) などがある。

*33　https://www.ohchr.org/en/news/2022/07/ukraine-civilian-casualty-update-12-july-2022

*34　Amanda Alexander, 'A Short History of International Humanitarian Law,' *The European Journal of International Law*, 26:1.

*35　https://www.ohchr.org/en/news/2022/07/ukraine-civilian-casualty-update-12-july-2022

*36　Ulrich Keller, *The Ultimate Spectacle: A Visual History of the Crimean War* (New York: Routledge, 2001), p. 251.

*37　Rodger Streitmatter, *Mightier than the Sword: How the News Media Have Shaped American History* (New York: Routledge, 2018), Ch. 12.

*38　Andrew Hoskins and Ben O'Loughlin, *War and Media: The Emergence of Diffused War* (Cambridge: Polity Press, 2010), pp. 16-17.

*39　P・W・シンガー、エマーソン・T・ブルッキング（小林由香利訳）『「いいね！」戦争：兵器化するソーシャルメディア』（東洋経済新報社、2019年）。

*40　ブルーノ・ラトゥール（川崎勝、高田紀代志訳）『科学が作られているとき：人類学的考察』（産業図書、1999年）、308-364頁（Bruno Latour, *Science in Action: How to Follow Scientists and Engineers through Society*〔Cambridge: Harvard University Press, 1987〕, pp. 179-213）。

**第１章**

＊１　Imogen Foulkes, 'Ukraine War: Helping Families Find Missing Loved Ones,' BBC (June 26, 2022) in https://www.bbc.com/news/world-europe-61926983

＊２　国際人道法のなかでも特に関連するのが、1949年のジュネーブ諸条約の第１条約第15条（死傷者の捜索、収容）、第16条（記録および情報の送付）、第17条

*Drugs, and Body Counts: The Politics of Numbers in Global Crime and Conflict* (Ithaca and London: Cornell University Press, 2010).

*12 メアリー・カルドー（山本武彦、渡部正樹訳）『新戦争論』（岩波書店、2003年）、168-169頁（Mary Kaldor, *New and Old Wars: Organized Violence in a Global Era*〔Cambridge: Polity Press, 1999〕, p. 100）。

*13 同上、184頁。

*14 Mary Kaldor, 'Introduction,' in Mary Kaldor and Basker Vashee (eds.), *Restructuring The Global Military Sector, Volume I: New Wars* (London and Washington: Pinter, 1997), p. 9.

*15 1997年の報告書としては、ほかにも Edmund Cairns, *A Safer Future: Reducing the Human Costs of War* (Oxford: Oxfam Insight series, 1997), p. 17 に、文民は現代の戦争での死傷者の84%を占めるとの記述がある。また、European Platform for Conflict Prevention and Transformation, *Prevention and Management of Violent Conflicts, 1998 Edition* (Utrecht: European Platform for Conflict Prevention and Transformation, 1998), p. 17 にも「文民は、冷戦後の紛争における死傷者の90%以上を占める」との記述がある。

*16 Ruth Leger Sivard, *World Military and Social Expenditures, 16 edition* (Washington DC: World Priorities, 1996), p. 17.

*17 *ibid.*, pp. 18-19.

*18 *ibid.*, p. 54.

*19 Ruth Leger Sivard, *World Military and Social Expenditures, 14 edition* (Washington DC: World Priorities, 1991), p. 20.

*20 *ibid.*, p. 60.

*21 Dan Smith, *The State of War and Peace Atlas* (London: Penguin, 1997), pp. 24-25.

*22 *ibid.*, p. 100.

*23 Sivard, *World Military and Social Expenditures, 16 edition*, p. 18.

*24 Smith, *The State of War and Peace Atlas*, p. 100.

*25 Stockholm International Peace Research Institute (SIPRI), *Yearbook 1991: World Armaments and Disarmament* (New York: Oxford University Press, 1991), p. 349.

*26 C. Ahlstrom and K. A. Nordquist, *Casualties of Conflict* (Uppsala: Department of Peace and Conflict Research, Uppsala University, 1991), pp. 18-19.

*27 *ibid.*, p. 18.

*28 UNICEF, *The State of the World's Children 1996* (Oxford: Oxford University Press, 1996), p. 13.

*29 批判的機能主義という立場を考えるうえで以下の論考を参考にした。Elizabeth Pisani and Maarten Kok, 'In the Eye of the Beholder: To Make Global Health Estimates Useful, Make Them More Socially Robust,' *Global Health Action*, 10, 2017.

*30 戦争については、五十嵐元道「戦争をなくすには：カテゴリーの暴力を超えて」『歴史学入門』（昭和堂、2023年）を参照。

*31 武力紛争と戦争の関係について補足する。第一次世界大戦以前の戦争法は、国家

# 注　記

## はじめに

＊1　科学技術社会論の潮流の変遷については、ハリー・コリンズ、トレヴァー・ピンチ（村上陽一郎、平川秀幸訳）『解放されたゴーレム：科学技術の不確実性について』（筑摩書房、2020年）、ハリー・コリンズ、ロバート・エヴァンズ（鈴木俊洋訳）『民主主義が科学を必要とする理由』（法政大学出版局、2022年）、ハリー・コリンズ、ロバート・エヴァンズ（奥田太郎監訳、和田慈、清水右郷訳）『専門知を再考する』（名古屋大学出版会、2020年）を参照。

## 序　章

＊1　Christopher J. L. Murray, Lisa C. Rosenfeld, Stephen S. Lim, Kathryn G. Andrews, Kyle J. Foreman, Diana Haring, Nancy Fullman, Mohsen Naghavi, Rafael Lozano, Alan D. Lopez, 'Global Malaria Mortality between 1980 and 2010: A Systematic Analysis,' *Lancet* 2012, 379, p. 413.

＊2　西平等『グローバル・ヘルス法：理念と歴史』（名古屋大学出版会、2022年）、164-173頁。

＊3　同上、273頁。

＊4　World Health Organization, *World Malaria Report 2011* (Geneva: Word Health Organization, 2011), p. 73.

＊5　Murray et al., 'Global Malaria Mortality,' p. 425.

＊6　IHMEの設立に伴い、マレーはワシントン大学に移籍した。Jeremy N. Smith, *Epic Measures: One Doctor. Seven Billion Patients* (New York: Harper Collins Publishers, 2015). IHMEについて紹介した邦語の文献として、W・W・ギブズ「人類の健康診断」『別冊日経サイエンス225』（日本経済新聞出版社、2018年）。

＊7　Manjari Mahajan, 'The IHME in the Shifting Landscape of Global Health Metrics,' *Global Policy*, Volume 10, Supplement 1, January 2019, p. 112.

＊8　IHMEとWHOのデータの差異については、Mahajan, 'The IHME in the Shifting Landscape' のほかに、Marlee Tichenor and Devi Sridhar, 'Metric Partnerships: Global Burden of Disease Estimates within the World Bank, the World Health Organisation and the Institute for Health Metrics and Evaluation,' *Wellcome Open Research*, 4:35, 2020を参照。

＊9　Yuka Hayashi, 'World Bank Says Managers Pressured Staff to Alter Global Business Rankings,' *The Wall Street Journal*, December 17, 2020.

＊10　Mahajan, 'The IHME in the Shifting Landscape,' pp. 115-117.

＊11　この論点はすでに国際政治学者のアダム・ロバーツなどが論じているが、ここでは彼らの議論を参考にしながら、関係資料を検討し直した。Adam Roberts, 'Lives and Statistics: Are 90% of War Victims Civilians?' *Survival*, 52:3 (June-July 2010), pp. 115-136; Kelly M. Greenhill, 'Counting the Cost: The Politics of Numbers in Armed Conflict,' in Peter Andreas and Kelly M. Greenhill, *Sex,*

地誠子、竹田円訳、原書房、2020年。

毎日新聞取材班『オシント新時代 ルポ・情報戦争』毎日新聞出版、2022年。

前田哲男『戦略爆撃の思想：ゲルニカ、重慶、広島　改訂版』凱風社、2006年。

マクナマラ、ロバート・S『マクナマラ回顧録：ベトナムの悲劇と教訓』仲晃訳、共同通信社、1997年。

マクニール、ウィリアム・H『戦争の世界史：技術と軍隊と社会』高橋均訳、中央公論新社、2014年。

松下佐知子「日露戦争における国際法の発信－有賀長雄を起点として－」『軍事史学』第40巻第2・3号、錦正社、2004年、195-210頁。

松下佐知子「有賀長雄の対外戦争経験と「仁愛主義」――日清・日露戦争期――」『年報近現代史研究』第5号、2013年3月、1-14頁。

松野誠也『日本軍の毒ガス兵器』凱風社、2005年。

ミュラー、ヤン・ヴェルナー『試される民主主義』板橋拓己、田口晃監訳、岩波書店、2019年。

モジェール、フェルナンド・モスコソ「グアテマラにおけるジェノサイドと正義」吉川敦子、関雄二訳、関雄二、狐崎知己、中村雄祐（編著）『グアテマラ内戦後　人間の安全保障の挑戦』明石書店、2009年)、31-74頁。

山内進「人の掠奪とルソー・ポルタリス原則」柳井俊二、村瀬信也（編）『国際法の実践：小松一郎大使追悼』信山社、2015年、583-602頁。

吉川龍子『日赤の創始者：佐野常民』吉川弘文館、2001年。

吉見義明『毒ガス戦と日本軍』岩波書店、2004年。

ラング、ダニエル『戦争の犠牲者たち：ベトナム192高地虐殺事件』内山敏訳、草思社、1990年。

ルソー『人間不平等起原論・社会契約論』小林善彦、井上幸治訳、中央公論新社、2005年。

レイ、オリヴィエ『統計の歴史』池畑奈央子監訳、原俊彦監修、原書房、2020年。

歴史的記憶の回復プロジェクト（編）『グアテマラ虐殺の記憶：真実と和解を求めて』飯島みどり、狐崎知己、新川志保子訳、岩波書店、2000年。

ワインバーグ、サマンサ『DNAは知っていた』戸根由紀恵訳、文藝春秋、2004年。

タッカー、ジョナサン・B『神経ガス戦争の世界史：第一次世界大戦からアル＝カーイダまで』内山常雄訳、みすず書房、2008年。

田中高「エルサルバドル　一九八四-八九年―PDC政権の五年間とARENA政権の誕生―」『国際政治』第98号、1991年10月、62-78頁。

波平恵美子『日本人の死のかたち：伝統儀礼から靖国まで』朝日新聞社、2004年。

納家政嗣、梅本哲也（編）『大量破壊兵器不拡散の国際政治学』有信堂高文社、2000年。

楢崎修一郎『骨が語る兵士の最期：太平洋戦争・戦没者遺骨収集の真実』筑摩書房、2018年。

ニーア、ロバート・M『ナパーム空爆史』田口俊樹訳、太田出版、2016年。

西平等『グローバル・ヘルス法：理念と歴史』名古屋大学出版会、2022年。

沼野充義「悲劇と統計――スターリンは本当にそんなことを言ったのか？」『れにくさ』第2号、2010年、13-18頁。

ハーシュ、セイムア『ソンミ：ミライ第四地区における虐殺とその波紋』小田実訳、草思社、1970年。

パトリカラコス、デイヴィッド『140字の戦争：SNSが戦場を変えた』江口泰子訳、早川書房、2019年。

埴原和郎『骨はヒトを語る』講談社、1997年。

浜井和史『海外戦没者の戦後史：遺骨帰還と慰霊』吉川弘文館、2014年。

パワー、サマンサ『集団人間破壊の時代：平和維持活動の現実と市民の役割』星野尚美訳、ミネルヴァ書房、2010年。

ハワード、マイケル『改定版ヨーロッパ史における戦争』奥村房夫、奥村大作訳、中央公論新社、2010年。

ヒギンズ、エリオット『ベリングキャット：デジタルハンター、国家の嘘を暴く』安原和見訳、筑摩書房、2022年。

日暮吉延『東京裁判』講談社、2008年。

ファウスト、ドルー・ギルピン『戦死とアメリカ：南北戦争62万人の死の意味』黒沢眞里子訳、彩流社、2010年。

藤井忠俊『兵たちの戦争』朝日新聞出版、2019年。

藤田久一『新版　国際人道法　再増補』有信堂高文社、2003年。

藤原広人「ICTYによる国際刑事捜査とスレブレニツァ」長有紀枝（編著）『スレブレニツァ・ジェノサイド：25年目の教訓と課題』東信堂、2020年、107-149頁。

藤原広人「スレブレニツァの集合的記憶」長有紀枝（編著）『スレブレニツァ・ジェノサイド：25年目の教訓と課題』東信堂、2020年、46-68頁。

ブニョン、フランソワ『赤十字と国際法の推進者　ギュスターフ・モアニエ伝』廣渡太郎訳、日本赤十字国際人道研究センター、2020年。

フライ、ハンナ『アルゴリズムの時代：機械が決定する世界をどう生きるか』森嶋マリ訳、文藝春秋、2021年。

ヘイガー、トーマス『大気を変える錬金術：ハーバー、ボッシュと化学の世紀』渡会圭子訳、みすず書房、2010年。

ボス、ポーリン『あいまいな喪失とトラウマからの回復：家族とコミュニティのレジリエンス』中島聡美、石井千賀子監訳、誠信書房、2015年。

ポメランツェフ、ピーター『嘘と拡散の世紀：「われわれ」と「彼ら」の情報戦争』築事例として」『年報政治学2019-II』筑摩書房、2019年、76-95頁。

五十嵐元道「戦争をなくすには：カテゴリーの暴力を超えて」『歴史学入門』昭和堂、2023年、243-260頁。

井上忠男『戦争と国際人道法：その歴史と赤十字のあゆみ』東信堂、2015年。

ヴァインケ、アンネッテ『ニュルンベルク裁判：ナチ・ドイツはどのように裁かれたのか』板橋拓己訳、中央公論新社、2015年。

ウォルツァー、マイケル『正しい戦争と不正な戦争』萩原能久監訳、風行社、2008年。

エリス、ジェフリー『ナポレオン帝国』杉本淑彦、中山俊訳、岩波書店、2008年。

長有紀枝「スレブレニツァ事件を再構築する――認定事実としてのスレブレニツァ事件と再発予防の処方箋」長有紀枝（編著）『スレブレニツァ・ジェノサイド：25年目の教訓と課題』東信堂、2020年、5-45頁。

長有紀枝『スレブレニツァ―あるジェノサイドをめぐる考察』東信堂、2009年。

カミングス、ブルース『朝鮮戦争論：忘れられたジェノサイド』栗原泉、山岡由美訳、明石書店、2014年。

ギブズ、W・W「人類の健康診断」『別冊日経サイエンス225』日本経済新聞出版社、2018年、80-85頁。

グッドソン、ラリー・P『アフガニスタン：終わりなき争乱の国』沢田博訳、原書房、2001年。

栗原俊雄『遺骨：戦没者三一〇万人の戦後史』岩波書店、2015年。

クレフェルト、マーチン・ファン『補給戦：何が勝敗を決定するのか』佐藤佐三郎訳、中央公論新社、2006年。

小菅信子『日本赤十字社と皇室：博愛か報国か』吉川弘文館、2021年。

コリンズ、ハリー／エヴァンズ、ロバート『専門知を再考する』奥田太郎監訳、和田慈、清水右郷訳、名古屋大学出版会、2020年。

コリンズ、ハリー／ピンチ、トレヴァー『解放されたゴーレム：科学技術の不確実性について』村上陽一郎、平川秀幸訳、筑摩書房、2020年。

コリンズ、ハリー／エヴァンズ、ロバート『民主主義が科学を必要とする理由』鈴木俊洋訳、法政大学出版局、2022年。

サスキンド、ダニエル『WORLD WITHOUT WORK：AI時代の新「大きな政府」論』上原裕美子訳、みすず書房、2022年。

サンズ、フィリップ『ニュルンベルク合流：「ジェノサイド」と「人道に対する罪」の起源』園部哲訳、白水社、2018年。

椎名麻紗枝『原爆犯罪：被爆者はなぜ放置されたか』大月書店、1985年。

シーハン、ニール『輝ける嘘』上・下　菊谷匡祐訳、集英社、1992年。

シンガー、P・W／ブルッキング、エマーソン・T『「いいね！」戦争：兵器化するソーシャルメディア』小林由香利訳、東洋経済新報社、2019年。

スモール、ヒュー『ナイチンゲール：神話と真実（新版）』田中京子訳、みすず書房、2018年。

タース、ニック『動くものはすべて殺せ：アメリカ兵はベトナムで何をしたか』布施由紀子訳、みすず書房、2015年。

髙嶋陽子「「武力紛争における人権」の概念－1960年代後半の国連における議論の位置付け－」『専修法学論集』第122号、2014年、129-165頁。

University Press, 2012, pp. 1137-1141.
Wagner, Sarah E. *To Know Where He Lies: DNA Technology and the Search for Srebrenica's Missing*. Berkeley: University of California Press, 2008.
Walker, Simon Harold. *Physical Control, Transformation and Damage in the First World War: War Bodies*. London: Bloomsbury Academic, 2021.
Walldorf, Jr., C. William. *Just Politics: Human Rights and the Foreign Policy of Great Powers*. Ithaca: Cornell University Press, 2008.
Warrick, Joby. *Red Line: The Unravelling of Syria and the Race to Destroy the Most Dangerous Arsenal in the World*. London: Transworld Publishers, 2020.
Wawro, Geoffrey. *Warfare and Society in Europe, 1792-1914*. Abingdon: Routledge, 2000.
Weiss, Thomas G./ Forsythe, David P./ Coate, Roger A./ Pease, Kelly-Kat. *The United Nations and Changing World Politics (8th Edition)*. New York: Routledge, 2020.
Westmoreland, W. C. and Sharp, U. S. G. *Report on the War in Vietnam, as of 30 June 1968*. Washington, D.C.: U.S. Government Printing Office, 1968.
Willmot, Haidi. et al. eds. *Protection of Civilians*. Oxford: Oxford University Press, 2016.
Wintour, Patrick. 'Chemical Weapons Watchdog Defends Syria Report After Leaks.' *The Guardian*, November 25, 2019.
Wood, E. J. *Insurgent Collective Action and Civil War in El Salvador*. Cambridge: Cambridge University Press, 2003.
World Health Organization. *World Malaria Report 2011*. Geneva: Word Health Organization, 2011.
de Zayas, Alfred. 'The Kalshoven Commission.' *Leiden Journal of International Law*, 6:1, April 1993, pp. 131-134.
Zwierzchowski, Jan. and Tabeau, Ewa. 'The 1992-95 War in Bosnia and Herzegovina: Census-Based Multiple System Estimation of Casualties' Undercount.' Paper for International Research Workshop on 'The Global Economic Costs of Conflict.' Berlin, February 2010.

アームストロング、ロバート／シェンク、ジャネット『エルサルバドル：革命の背景』土屋宏之ほか訳、ありえす書房、1984年。

青山弘之「シリア人権監視団、シリア人権ネットワークの犠牲者統計データに潜む偏向」2015年12月20日 In: https://news.yahoo.co.jp/byline/aoyamahiroyuki/20151220-00052626
浅田正彦『化学兵器の使用と国際法ーシリアをめぐってー』東信堂、2022年。

アベラ、アレックス『ランド：世界を支配した研究所』牧野洋訳、文藝春秋、2011年。

有賀長雄『日清戦役国際法論』陸軍大学校、1896年。

有賀長雄『日露陸戦国際法論』東京偕行社、1911年。

有賀長雄『万国戦時公法：陸戦条規』陸軍大学校、1894年。

アーレント、ハンナ『新版　全体主義の起原３――全体主義』大久保和郎、大島かおり訳、みすず書房、2017年。

五十嵐元道「及び腰の介入と主権――オバマ政権のリビア紛争とシリア紛争への対応を

*Casualties and Losses*. Washington, DC: Office of the Assistant Secretary of Defense, Programs Analysis and Evaluation, 1975.

Thayer, Thomas C. *War Without Fronts: The American Experience in Vietnam*. Annapolis: Naval Institute Press, 1985.

Tichenor, Marlee. and Sridhar, Devi. 'Metric Partnerships: Global Burden of Disease Estimates within the World Bank, the World Health Organisation and the Institute for Health Metrics and Evaluation.' *Wellcome Open Research*, 4:35, 2020, pp. 1-24.

Tidball-Binz, M. and Hofmeister, U. 'Forensic Archaeology in Humanitarian Contexts; ICRC Action and Recommendations.' In: Groen, W. J. Mike./ Márquez-Grant, Nicholas./ and Janaway, Robert C. eds. *Forensic Archaeology: A Global Perspective*. Chichester, West Sussex: Wiley Blackwell, 2015, pp. 427-438.

Tolley Jr., Howard. *The U.N. Commission on Human Rights*. New York: Routledge, 2019[1987].

Tomuschat, Christian. 'Clarification Commission in Guatemala.' *Human Rights Quarterly*, 23:2, May 2001, pp. 233-258.

UNICEF. *The State of the World's Children 1996*. Oxford: Oxford University Press, 1996.

United Nations, *Chemical and Bacteriological (Biological) Weapons and the Effects of Their Possible Use*. New York: United Nations, 1969.

United Nations. 'Syrian Crisis Reaching Stage of Civil War, UN Human Rights Chief Says.' *UN News*, December 1, 2011.

U.N. Secretary-General. 'Secretary-General's Address to the Commission on Human Rights' (April 7, 2005). In: https://www.un.org/sg/en/content/sg/statement/2005-04-07/secretary-generals-address-commission-human-rights

U. S. Department of State. *Communist Interference in El Salvador*, Special Report No. 80. February 23, 1981.

U.S. Department of the Army. *FM 100-5: Field Service Regulations – Operations, 1962*. Washington: United States Government Printing Office, 1962.

Varley, Karine. 'Under the Shadow of Defeat: The State and the Commemoration of the Franco – Prussian War, 1871-1914.' *French History*, 16:3, September 2002, pp. 323-344.

de Vattel, Emer. *The Law of Nations, Or, Principles of the Law of Nature, Applied to the Conduct and Affairs of Nations and Sovereigns, with Three Early Essays on the Origin and Nature of Natural Law and on Luxury*. Edited and with an Introduction by Kapossy, Béla. and Whitmore, Richard. Indianapolis: Liberty Fund, 2008.

Von Clausewitz, Carl. *On War*. Edited and translated by Howard, Michael. and Paret, Peter. Princeton: Princeton University Press, 1976.

Vonèche, Cardia, Isabelle. 'The International Committee of the Red Cross: Identifying the Dead and Tracing Missing Persons – A Historical Perspective.' In: de Montclos, Marc-Antoine Pérouse. Minor, Elizabeth. and Sinha, Samrat. eds. *Violence, Statistics, and the Politics of Accounting for the Dead*. Wiesbaden: Springer VS, 2015.

Vöneky, Silja. 'Francis Lieber (1798-1872).' In: *The Oxford Handbook of the History of International Law*. Edited by Fassbender, Bardo and Peters, Anne. Oxford: Oxford

Sledge, Michael. *Soldier Dead: How We Recover, Identify, Bury, and Honor Our Military Fallen*. New York: Columbia University Press, 2005.
Smith, Dan. *The State of War and Peace Atlas*. London: Penguin, 1997.
Smith, Jeremy N. *Epic Measures: One Doctor. Seven Billion Patients*. New York: Harper Collins Publishers, 2015.
Snow, Clyde Collins. 'Forensic Anthropology.' *Annual Review of Anthropology*, 11, 1982, pp. 97-131.
Spiers, Edward M. *Agents of War: A History of Chemical and Biological Weapons (Revised and Expanded 2nd Edition)*. London: Reaktion Books Ltd, 2021.
Steele, Jonathan. 'The OPCW and Douma: Chemical Weapons Watchdog Accused of Evidence-Tampering by Its Own Inspectors.' *CounterPunch.org,* November 15, 2019. In: https://www.counterpunch.org/2019/11/15/the-opcw-and-douma-chemical-weapons-watchdog-accused-of-evidence-tampering-by-its-own-inspectors/
Steere, Edward. *The Graves Registration Service in World War II*. Washington, D.C.: U.S. G.P.O., 1951.
Steere, Edward. and Boardman, Thayer M. *Final Disposition of World War II Dead 1945-1951*. Washington D.C.: Office of the Quartermaster General, 1957.
Stockholm International Peace Research Institute (SIPRI). *Yearbook 1991: World Armaments and Disarmament*. New York: Oxford University Press, 1991.
Stover, Eric. and Peress, Gilles. *The Graves: Srebrenica and Vukovar*. Zürich: Scalo, 1998.
Stover, Eric. and Ryan, Molly. 'Breaking Bread with the Dead.' *Historical Archaeology*, 35:1, 2001, pp. 7-25.
Stover, Eric. and Shigekane, Rachel. 'The Missing in the Aftermath of War: When Do the Needs of Victims' Families and International War Crimes Tribunals Clash?' *International Review of the Red Cross*, 84:848, December 2002, pp. 845-866.
Streitmatter, Rodger. *Mightier than the Sword: How the News Media Have Shaped American History*. New York: Routledge, 2018.
Stremlau, John. *The International Politics of the Nigerian Civil War, 1967-1970*. Princeton: Princeton University Press, 1977.
Syrian Network for Human Rights. *The Ninth Annual Report on Enforced Disappearance in Syria on the International Day of the Victims of Enforced Disappearances; There Is No Political Solution without the Disappeared*. August 30, 2020.
Szöllösi-Janze, Margit. 'The Scientist as Expert: Fritz Haber and German Chemical Warfare During the First World War and Beyond.' In: Friedrich, Bretislav./ Hoffmann, Dieter./ Renn, Jürgen./ Schmaltz, Florian./ and Wolf, Martin. eds. *One Hundred Years of Chemical Warfare: Research, Deployment, Consequences*. Cham: Springer Open, 2017, pp. 11-24.
Tabeau, Ewa. *Conflict in Numbers: Casualties of the 1990s Wars in the Former Yugoslavia (1991-1999): Major Reports by Demographic Experts of the Prosecution in the Trials before the International Criminal Tribunal for the Former Yugoslavia*. Belgrade: Helsinki Committee for Human Rights in Serbia, 2009.
Thayer, Thomas C. ed. *A System Analysis View of the Vietnam War 1965-1972, Vol. 8*

1993.
Rosenberg, Tina. 'The Body Counter: Meet Patrick Ball, A Statistician Who's Spent His Life Lifting the Fog of War.' *Foreign Policy*, February 27, 2012. In: https://foreignpolicy.com/2012/02/27/the-body-counter/
Ruez, Jean-René. 'Les enquêtes du TPIY. Entretien avec Jean-René Ruez,' *Cultures & Conflits*, 65, printemps 2007, pp. 19-35.
Rushe, Domic. 'Assad Tells Charlie Rose No Evidence He Is Responsible for Syria Chemical Attack.' *The Guardian*, September 8, 2013.
Sackville-West, Robert. *The Searchers: the Quest for the Lost of the First World War*. London: Bloomsbury, 2021.
Schabas, William A. 'The United Nations High Commissioner for Human Rights and International Humanitarian Law.' In: International Institute of Humanitarian Law. ed. *Strengthening Measures for the Respect and Implementation of International Humanitarian Law and Other Rules Protecting Human Dignity in Armed Conflict, 28th Round Table on Current Problems of International Humanitarian Law, Sanremo, 2-4 September 2004*. Sanremo: International Institute of Humanitarian Law, 2004.
Schabas, William A. *The UN International Criminal Tribunals: The Former Yugoslavia, Rwanda and Sierra Leone*. Cambridge: Cambridge University Press, 2006.
Schindler, Dietrich. 'J. C. Bluntschli's Contribution to the Law of War.' In: Marcelo G. Kohen. ed. *Promoting Justice, Human Rights and Conflict Resolution through International Law*. Leiden: Martinus Nijhoff Publishers, 2007, pp. 437-454.
Schneider, Eric F. 'The British Red Cross Wounded and Missing Enquiry Bureau: A Case of Truth-Telling in the Great War.' *War in History*, 4:3, 1997, pp. 296-315.
Schütte, Robert. *Civilian Protection in Armed Conflicts: Evolution, Challenges and Implementation*. Wiesbaden: Springer VS, 2015.
Sellström, Åke. 'Lessons from Weapons Inspections in Iraq and Syria.' *AJIL Unbound*, 115, 2021, pp. 95-99.
Seltzer, William. 'Population Statistics, the Holocaust, and the Nuremberg Trials.' *Population and Development Review*, 24:3, September, 1998, pp. 511-552.
Seybolt, Taylor B./ Aronson, Jay D./ Fischhoff, Baruch. Eds. *Counting Civilian Casualties: An Introduction to Recording and Estimating Nonmilitary Deaths in Conflict*. Oxford: Oxford University Press, 2013.
Sherman, Daniel J. *The Construction of Memory in Interwar France*. Chicago: The University of Chicago Press, 1999.
Shimazu, Naoko. *Japanese Society at War: Death, Memory and the Russo-Japanese War*. Cambridge: Cambridge University Press, 2009.
Shribman, David. 'Two Groups in U.S. Contend El Salvador Violates Civil Rights.' *The New York Times*, January 27, 1982.
Sivard, Ruth Leger. *World Military and Social Expenditures, 14 edition*. Washington DC: World Priorities, 1991.
Sivard, Ruth Leger. *World Military and Social Expenditures, 16 edition*. Washington DC: World Priorities, 1996.

Nettelfield, Lara J. and Wagner, Sarah. *Srebrenica in the Aftermath of Genocide*. Cambridge: Cambridge University Press, 2014.
Nifosi, Ingrid. 'The UN Special Procedures in the Field of Human Rights. Institutional History, Practice and Conceptual Framework.' *Deusto Journal of Human Rights*, No. 2. December 2017, pp. 131-178.
OHCHR. 'Ukraine: Civilian Casualty Update 22 August 2022.' August 22, 2022. In: https://www.ohchr.org/en/news/2022/08/ukraine-civilian-casualty-update-22-august-2022
OPCW. 'Director-General's Statement on the Report of the Investigation into Possible Breaches of Confidentiality,' February 6, 2020.
Orkaby, Asher. 'The Yemeni Civil War: The Final British-Egyptian Imperial Battleground.' *Middle Eastern Studies*, 51:2, 2015, pp. 195-207.
Pannell, Ian. 'Syria Crisis: "Strong Evidence" of Chemical Attacks, in Saraqeb.' *BBC News*, May 16, 2013. In: https://www.bbc.com/news/world-middle-east-22551892
Pénicaut, Emmanuel. 'Quand le militaire se fait officier d'état civil: l'état civil militaire pendant la Grande Guerre.' In: Homer, Isabelle. et Pénicaut, Emmanuel. dir. *Le soldat et la mort dans la Grande Guerre*. Rennes, 2016, pp. 81-90.
*The Pentagon Papers (Gravel Edition)*. Boston: Beacon Press, 1971.
Phillips, Christopher. *The Battle for Syria: International Rivalry in the New Middle East*. New Haven: Yale University Press, 2016.
Physicians for Human Rights. *Winds of Death: Iraq's Use of Poison Gas*. February 1989.
Pictet, Jean. ed. *Commentary IV Geneva Convention: Relative to the Protection of Civilian Persons in Time of War*. Geneva: International Committee of the Red Cross, 1958.
Pisani, Elizabeth. and Kok, Maarten. 'In the Eye of the Beholder: To Make Global Health Estimates Useful, Make Them More Socially Robust.' *Global Health Action*, 10, 2017, pp. 49-58.
Price, Megan./ Klingner, Jeff./ and Ball, Patrick. 'Preliminary Statistical Analysis of Documentation of Killings in the Syrian Arab Republic.' January 2, 2013.
Price, Megan./ Gohdes, Anita./ and Ball, Patrick. 'Updated Statistical Analysis of Documentation of Killings in the Syrian Arab Republic.' August 2014.
Price, Megan./ Klingner, Jeff./ and Ball, Patrick. 'Updated Statistical Analysis of Documentation of Killings in the Syrian Arab Republic.' June 13, 2013.
Prost, Antoine. 'The Dead.' In: Winter, Jay. ed. *The Cambridge History of The First World War*. Cambridge: Cambridge University Press, 2014, pp. 561-591.
Redfield, Peter. 'A Less Modest Withess.' *American Ethnologist*, 33:1, pp. 3-26.
Rey-Schyrr, Catherine. *From Yalta to Dien Bien Phu: History of the International Committee of the Red Cross 1945 to 1955*. Geneva: ICRC, 2017.
Röben, Besty Baker. 'The Method behind Bluntschli's Modern International Law.' *Journal of History of International Law*, No. 4, 2002, pp. 249-292.
Roberts, Adam. 'Lives and Statistics: Are 90% of War Victims Civilians?' *Survival*, 52:3, June-July 2010, pp. 115-136.
Romero, Oscar. *A Shepherd's Diary*. Translated by Hodgson, Irene B. London: CAFOD,

*International*, 314, 2020, pp. 1-5.
Mazowiecki, Tadeusz. 'Will to Disaster.' *Index on Censorship*, 24:5, September 1995, pp. 67-72.
Mazzei, Julie. *Death Squads or Self-Defense Forces?* Chapel Hill: University of North Carolina Press, 2009.
McKeogh, Colm. *Innocent Civilians: The Morality of Killing in War*. Basingstoke: Palgrave, 2002.
Mégret, Frédéric. 'From "Savages" to "Unlawful Combatants": A Postcolonial Look at International Law's "Other".' In: Orford, Anne. ed. *International Law and Its Others*. Cambridge: Cambridge University Press, 2006, pp. 265-317.
Mertus, Julie. *The United Nations and Human Rights: A Guide for a New Era*. London: Routledge, 2005.
Mjøset, Lars. and Van Holde, Stephen. 'Killing for the State, Dying for the Nation: An Introductory Essay on the Life Cycle of Conscription into Europe's Armed Forces.' *The Comparative Study of Conscription in the Armed Forces*, Vol. 20, 2002, pp. 3-94.
Morley, Jefferson. 'Why Douma Attack Wasn't A "Managed Massacre."' *Asia Times*, December 8, 2019.
Mosse, George L. *Fallen Soldiers: Reshaping the Memory of the World Wars*. New York: Oxford University Press, 1990.
Moyn, Samuel. *The Last Utopia: Human Rights in History*. Cambridge: Belknap, 2010.
Moynier, Gustave. *Etude sur la Convention de Genève pour l'amélioration du sort des militaires blessés dans les armées en campagne, 1864 et 1868*. New York: Kessinger Publishing, 2010[1870].
Murray, Christopher J. L. et al. 'Global Malaria Mortality between 1980 and 2010: A Systematic Analysis,' *Lancet* 2012, 379.
Nabulsi, Karma. *Traditions of War: Occupation, Resistance, and the Law*. Oxford: Oxford University Press, 1999.
National Security Decision Directive on Cuba and Central America, January 4 (NSDD-17). In: http://fas.org/irp/offdocs/nsdd/nsdd-017.htm
Navon, Daniel. '"We Are a People, One People": How 1967 Transformed Holocaust Memory and Jewish Identity in Israel and the US.' *Journal of Historical Sociology*, 28:3, September 2015, pp. 342-373.
Neier, Aryeh. *Taking Liberties: Four Decades in the Struggle for Rights*. New York: Public Affairs, 2003.
Neier, Aryeh. *The International Human Rights Movement*. Princeton: Princeton Univeristy Press, 2012.
Nelson, Diane M. *Who Counts?: The Mathematics of Death and Life after Genocide*. Durham : Duke University Press, 2015.
Nettelfield, Lara J. 'Research and Repercussions of Death Tolls: The Case of the Bosnian Book of the Dead.' In: Andreas, Peter. and Greenhill, Kelly M. *Sex, Drugs, and Body Counts: The Politics of Numbers in Global Crime and Conflict*. Ithaca and London: Cornell University Press, 2010, pp. 159-187.

Laqueur, Thomas W. *The Work of the Dead: A Cultural History of Mortal Remains*. Princeton: Princeton University Press, 2015.

Latour, Bruno. *Science in Action: How to Follow Scientists and Engineers through Society*. Cambridge: Harvard University Press, 1987（ラトゥール、ブルーノ『科学が作られているとき：人類学的考察』川崎勝、高田紀代志訳、産業図書、1999年）.

Lattimer, Mark. and Sands, Philippe. eds. *The Gray Zone: Civilian Protection between Human Rights and the Laws of War*. Oxford: Hart Publishing, 2018.

Lawyers Committee for International Human Rights and Americas Watch. *El Salvador's Other Victims: The War on the Displaced*. New York: April 1984.

Levie, Howard S. 'Prisoners of War and the Protecting Power.' *The American Journal of International Law*, 55:2, April 1961, pp. 374-397.

Lewis, Mark. *The Birth of the New Justice: the Internationalization of Crime and Punishment, 1919-1950*. Oxford: Oxford University Press, 2014.

Lewy, Gunenter. *America in Vietnam*. New York: Oxford University Press, 1978.

Lindqvist, Sven. *A History of Bombing*. Translated by Rugg, Linda Haverty. London: Granta, 2012.

Lloyd, Richard. and Postol, Theodore A. 'Possible Implications of Faulty US Technical Intelligence in the Damascus Nerve Agent Attack of August 21, 2013.' January 14, 2014. In: https://www.documentcloud.org/documents/1006045-possible-implications-of-bad-intelligence

Louis, Wm. Roger. and Shlaim, Avi. eds. *The 1967 Arab-Israeli War: Origins and Consequences*. Cambridge: Cambridge University Press, 2012.

MacFarquhar, Neil. and Schmitt, Eric. 'Syria Threatens Chemical Attack on Foreign Force.' *The New York Times*, July 23, 2012.

Mahajan, Manjari. 'The IHME in the Shifting Landscape of Global Health Metrics.' *Global Policy*, Volume 10, Supplement 1, January 2019, pp. 110-120.

Maier, Larry B. and Stahl, Joseph W. *Identification Discs of Union Soldiers in the Civil War*. Jefferson: McFarland & Co., Publishers, 2008.

Maley, William. *The Afghanistan Wars*. London: Red Globe Press, 2020.

Manning, Dean. *Srebrenica Investigation: Summary of Forensic Evidence – Execution Points and Mass Graves*. May 16, 2000.

Manrique-Vallier, Daniel./ Price, Megan E./ and Gohdes, Anita. 'Multiple Systems Estimation Techniques for Estimating Casualties in Armed Conflicts.' In: Seybolt, Taylor B./ Aronson, Jay D./ and Fischhoff, Baruch. eds. *Counting Civilian Casualties: An Introduction to Recording and Estimating Nonmilitary Deaths in Conflict*. Oxford: Oxford University Press, 2013, pp. 165-184.

Mantilla, Giovanni. 'The Origins and Evolution of the 1949 Geneva Conventions and the 1977 Additional Protocols.' In: Evangelista, Matthew. and Tannenwald, Nina. eds. *Do the Geneva Conventions Matter?* New York: Oxford University Press, 2017.

Mantilla, Giovanni. *Lawmaking under Pressure: International Humanitarian Law and Internal Armed Conflict*. Ithaca: Cornell University Press, 2020.

Martin, Victoria. 'A First World War Example of Forensic Archaeology.' *Forensic Science*

Kaldor, Mary. *New and Old Wars: Organized Violence in a Global Era.* Cambridge: Polity Press, 1999（カルドー、メアリー『新戦争論』山本武彦、渡部正樹訳、岩波書店、2003年）.

Kalshoven, Frits. 'The International Humanitarian Fact-Finding Commission: its Brith and Early Years.' In: Denters, Erik. and Schrijver, Nico. eds. *Reflections on International Law from the Low Countries in Honour of Paul de Waat.* The Hague: Martinus Nijhoff Publishers, 1998, pp. 793-808.

Kelle, Alexander./ Nixdorff, Kathryn./ and Dando, Malcolm. *Controlling Biochemical Weapons: Adapting Multilateral Arms Control for the 21st Century.* Basingstoke: Palgrave Macmillan, 2006.

Keller, Ulrich. *The Ultimate Spectacle: A Visual History of the Crimean War.* New York: Routledge, 2001.

Kelly, P. W. '"Magic Words": The Advent of Transnational Human Rights Activism in Latin America's Southern Cone in the Long 1970s.' In: Moyn, S. and Eckel, J. eds. *The Breakthrough: Human Rights in the 1970s.* Philadelphia: University of Pennsylvania Press, 2013, pp. 88-106.

Kinsella, Hellen M. *The Image before the Weapon: A Critical History of the Distinction between Combatant and Civilian.* Ithaca, N.Y.: Cornell University Press, 2011.

Kirby, M. and Capey, R. 'The Area Bombing of Germany in World War II: An Operational Research Perspective.' *Journal of the Operational Research Society,* 48:7, 1997, pp. 661-677.

Klose, Fabian. *Human Rights in the Shadow of Colonial Violence.* Translated by Geyer, Dona. Philadelphia: University of Pennsylvania Press, 2013.

Knightley, Philip. *The First Casualty: The War Correspondent as Hero and Myth-Maker from the Crime to Iraq.* Baltimore: The Johns Hopkins University Press, 2004.

Korman, Remi. 'Bury or Display? The Politics of Exhumation in Post-Genocide Rwanda. ' In: Anstett, Elisabeth. and Dreyfus, Jean-Marc. eds. *Human Remain and Identification: Mass Violence, Genocide, and the 'Forensic Turn.'* Manchester University Press, 2015, pp. 203-220.

Koskenniemi, Martti. *The Gentle Civilizer of Nations: The Rise and Fall of International Law 1870-1960.* Cambridge: Cambridge University Press, 2001.

Kouchner, Bernard. *Charité business.* Paris: Le Pré aux clercs, 1986.

Krauss, Clifford. 'U.S., Aware of Killings, Worked with Salvador's Rightists, Papers Suggest.' *The New York Times,* November 9, 1993.

Krieger, Heike. ed. *Inducing Compliance with International Humanitarian Law: Lessons from the African Great Lakes Region.* Cambridge: Cambridge University Press, 2015.

Lafon, Alexandre. 'Un difficile bilan chiffré des pertes combattantes: l'exemple français.' In: Homer, Isabelle. et Pénicaut, Emmanuel. dir. *Le soldat et la mort dans la Grande Guerre.* Rennes, 2016, pp. 41-56.

Laqueur, Thomas W. 'Memory and Naming in the Great War.' in Gillis, John R. ed. *Commemorations: The Politics of National Identity.* Princeton: Princeton University Press, 1994, pp. 150-167.

Human Rights Watch. *Attacks on Goutta: Analysis of Alleged Use of Chemical Weapons in Syria*. September 10, 2013.

Hundley, Tom. 'Chicagoan Is Tackling Bosnia Forensic Puzzle.' *Chicago Tribune*, August 18, 1996.

Hutchinson, John F. *Champions of Charity: War and the Rise of the Red Cross*. Oxford: Westview Press, 1996.

ICMP. *Missing Persons from the Armed Conflicts of the 1990s: A Stocktaking on the Effort to Locate and Identify Missing Persons in Bosnia and Herzegovina*. Sarajevo: October 2014.

ICTY. *Path to the Hague, The Selected Documents on the Origins of the ICTY*. Hague: International Criminal Tribunal for the former Yugoslavia, 2001.

INTERPOL. 'Interpol Team to Help Identify Victims of Malaysia Airlines Crash.' July 18, 2014. In: https://www.interpol.int/News-and-Events/News/2014/INTERPOL-team-to-help-identify-victims-of-Malaysia-Airlines-crash

Jabine, T. B. and Claude, R. P. eds. *Human Rights and Statistics*. Philadelphia: University of Pennsylvania Press, 1992.

Jabine, T. B. and Samuelson, Douglas A. 'Human Rights of Statisticians and Statistics of Human Rights: Early History of the American Statistical Association's Committee on Scientific Freedom and Human Rights.' In: Asher, Jana./ Banks, David./ and Scheuren, Fritz J. eds. *Statistical Methods for Human Rights*. New York; London: Springer, 2008, pp. 181-194.

Jensen, Steven L. B. *The Making of International Human Rights: The 1960s, Decolonization, and the Reconstruction of Global Values*. Cambridge: Cambridge University Press, 2016.

Jewell, Nicholas P./ Spagat, Michael./ and Jewell, Britta L. 'MSE and Casualty Counts: Assumptions, Interpretation, and Challenges.' In: Seybolt, Taylor B./ Aronson, Jay D./ and Fischhoff, Baruch. eds. *Counting Civilian Casualties: An Introduction to Recording and Estimating Nonmilitary Deaths in Conflict*. Oxford: Oxford University Press, 2013, pp. 185-212.

Jolly, David./ Sayare, Scott./ and Gladstone, Rick. 'U.S. Releases Detailed Intelligence on Syrian Chemical Attack.' *The New York Times*, August 30, 2013.

Joseph, Sarah. and Jenkin, Eleanor. 'The United Nations Human Rights Council: Is the United States Right to Leave This Club?' *American University International Law Review*, 35:1, 2019, pp. 75-131.

Jugo, Admir. and Wastell, Sari. 'Disassembling the Pieces, Reassembling the Social: The Forensic and Political Lives of Secondary Mass Graves in Bosnia and Herzegovina.' In: Anstett, Elisabeth. and Dreyfus, Jean-Marc. eds. *Human Remain and Identification: Mass Violence, Genocide, and the 'Forensic Turn.'* Manchester: Manchester University Press, 2015, pp. 142-174.

Kaldor, Mary. 'Introduction.' In: Kaldor, Mary. and Vashee, Basker. eds. *Restructuring the Global Military Sector, Volume I: New Wars*. London and Washington: Pinter, 1997, pp. 3-38.

*Archaeology: A Global Perspective*. Chichester, West Sussex: Wiley Blackwell, 2015.

Hagan, John. *Justice in the Balkans: Prosecuting War Crimes in the Hague Tribunal*. Chicago and London: The University of Chicago Press, 2003.

Hanley, Charles J./ Choe, Sang-Hun./ and Mendoza, Martha. *The Bridge at No Gun Ri: A Hidden Nightmare from the Korean War*. New York: Henry Holt and Co, 2001.

Hanson, Ian. 'Forensic Archaeology and the International Commission on Missing Persons: Setting Standards in an Integrated Process.' In: Groen, W. J. Mike./ Márquez-Grant, Nicholas./ and Janaway, Robert C. eds. *Forensic Archaeology: A Global Perspective*. Chichester, West Sussex: Wiley Blackwell, 2015, pp. 415-426.

Harouel-Bureloup, Veronique. 'Identifier les corps des militaires morts au combat.' *Revue historique de droit français et etranger*, No 3 Juillet-Septembre 2017 Trimestrielle, pp. 373-392.

Harsanyi, Doina Pasca. 'Surviving Napoleon. A Case Study of Small Town Discursive Strategies during the Piacentino Rebellion (1805-1806).' *Modern Italy*, 22:3, June 2017, pp. 233 - 246.

Hartigan, Richard Shelly. *The Forgotten Victim: A History of the Civilian*. Chicago: Precedent, 1982.

Hay, Alexandre. et al. 'A Tribute to Jean Pictet.' *International Review of the Red Cross*, 19:210, June 1979, pp. 115-129.

Hayashi, Yuka. 'World Bank Says Managers Pressured Staff to Alter Global Business Rankings,' *The Wall Street Journal*, December 17, 2020.

Heerten, Lasse. '"A" as in Auschwitz, "B" as in Biafra: The Nigerian Civil War, Visual Narratives of Genocide, and the Fragmented Universalization of the Holocaust.' In: Fehrenbach, H. and Rodogno, D. eds. *Humanitarian Photography: A History*. New York: Cambridge University Press, 2015, pp. 249-274.

Heerten, Lasse. *The Biafran War and Postcolonial Humanitarianism: Spectacles of Suffering*. Cambridge: Cambridge University Press, 2017.

Herrmann, I. and Palmieri, D. 'Humanitarianism and Massacres: The Example of the International Committee of the Red Cross.' In: Semelin, J. Andrieu, C. and Gensburger, S. eds. *Resisting Genocide*. Oxford: OUP, 2013, pp. 219-230.

Hersh, Seymour. 'The Red Line and the Rat Line.' *London Review of Books*, 36:8, April 11, 2014.

Higgins, Eliot. and Kaszeta, Dan. 'It's Clear That Turkey Was Not Involved in the Chemical Attack on Syria.' *The Guardian*, April 22, 2014.

Hill, Ginny. *Yemen Endures: Civil War, Saudi Adventurism and the Future of Arabia*. Oxford: Oxford University Press, 2017.

Hiltermann, Joost R. *A Poisonous Affair: America, Iraq, and the Gassing of Halabja*. Cambridge: Cambridge University Press, 2007.

Hoskins, Andrew. and O'Loughlin, Ben. *War and Media: The Emergence of Diffused War*. Cambridge: Polity Press, 2010.

Hull, Isabel V. *Absolute Destruction: Military Culture and the Practices of War in Imperial Germany*. Ithaca: Cornell University Press, 2005.

In: Groen, W. J. Mike./ Márquez-Grant, Nicholas./ and Janaway, Robert C. eds. *Forensic Archaeology: A Global Perspective.* Chichester, West Sussex: Wiley Blackwell, 2015, pp. 369-378.

Forsythe, David P. *The Humanitarians: The International Committee of the Red Cross.* Cambridge: Cambridge University Press, 2005.

Foulkes, Imogen. 'Ukraine War: Helping Families Find Missing Loved Ones.' BBC, June 26, 2022. In: https://www.bbc.com/news/world-europe-61926983

Friedrich, Bretislav. and James, Jeremiah. 'From Berlin-Dahlem to the Fronts of World War I: The Role of Fritz Haber and His Kaiser Wilhelm Institute in German Chemical Warfare.' In: Friedrich, Bretislav. et al. eds. *One Hundred Years of Chemical Warfare: Research, Deployment, Consequences*. Cham: Springer Open, 2017, pp. 25-44.

Gaer, Felice D. and Broecker, Christen L. 'Introduction.' In: Gaer, Felice D. and Broecker, Christen L. eds. *The United Nations High Commissioner for Human Rights.* Leiden: Martinus Nijhoff Publishers, 2014, pp. 1-32.

Ganschow, Jan P. P. 'Identification of the Fallen: The Supply of "Dog Tags" to Soldiers as a Commandment of the Laws of War.' *New Zealand Armed Forces Law Review*, Vol 9, 2009, pp. 21-54.

Gareau, Frederick H. *State Terrorism and the United States: From Counterinsurgency to the War on Terrorism*. London: Zed Books, 2004.

Gartner, Scott Sigmund. and Myers, Marissa Edson. 'Body Counts and "Success" in the Vietnam and Korean Wars.' *The Journal of Interdisciplinary History*, 25:3, Winter, 1995, pp. 377-395.

Ghanea, Nazila. 'From UN Commission on Human Rights to UN Human Rights Council: One Step Forwards or Two Steps Sideways?' *International & Comparative Law Quarterly*, 55:3, July 2006, pp. 695-705.

Gibson, Bryan R. *Covert Relationship: American Foreign Policy, Intelligence, and the Iran-Iraq War, 1980-1988.* Santa Barbara: Praeger Publisher, 2010.

Gibson, James William. *The Perfect War: Technowar in Vietnam*. Boston: Atlantic Monthly Press, 1986.

Goodson, Larry P. 'Periodicity and Intensity in the Afghan War.' *Central Asian Survey*, 17:3, 1998, pp. 471-488.

Gordon, Michael R. 'U.S. and Russia Reach Deal to Destroy Syria's Chemical Arms.' *The New York Times*, September 14, 2013.

Goshko, John M. 'ACLU Criticizes El Salvador Over Human Rights Record.' *The Washington Post*, January 27, 1982.

Graham, Bradley. 'On the Track of Killings in Argentina.' *The Washington Post*, June 23, 1987.

Greenhill, Kelly M. 'Counting the Cost: The Politics of Numbers in Armed Conflict.' In: Andreas, Peter. and Greenhill, Kelly M. *Sex, Drugs, and Body Counts: The Politics of Numbers in Global Crime and Conflict.* Ithaca and London: Cornell University Press, 2010, pp. 127-158.

Groen, W. J. Mike./ Márquez-Grant, Nicholas./ and Janaway, Robert C. eds. *Forensic*

Desgrandchamps, Marie-Luce. '«Organiser à l'avance l'imprévisible»: la guerre Nigéria-Biafra et son impact sur le CICR.' *Revue internationale de la Croix-Rouge*, 94:888, 2012, pp. 221-246.

Desgrandchamps, Marie-Luce. 'Revenir sur le mythe fondateur de Médecins sans frontières: les relations entre les médecins français et le cicr pendant la guerre du Biafra (1967-1970).' *Relations internationales*, no. 146/2011, pp. 95-108.

Desrosieres, Alain. *The Politics of Large Numbers: A History of Statistical Reasoning*. Translated by Naish, Camille. Cambridge: Harvard University Press, 1998.

van Dijk, Boyd. *Preparing for War: The Making of the Geneva Conventions*. Oxford: Oxford University Press, 2022.

van Dijk, Boyd. '"The Great Humanitarian": The Soviet Union, the International Committee of the Red Cross, and the Geneva Conventions of 1949.' *Law and History Review*, 37:1, February 2019, pp. 209-235.

Donnelly, Jack. 'Human Rights at the United Nations 1955-85: The Question of Bias.' *International Studies Quarterly*, 32:3, September, 1988, pp. 275-303.

Dunant, Henry. *Un Souvenir de Solférino*. Genève: CICR, 1862（デュナン、アンリー『ソルフェリーノの思い出（新装版）』木内利三郎訳、日赤サービス、2011年）.

Durand, André. *From Sarajevo to Hiroshima*. Geneva: Henry Dunant Institute, 1984.

Erlich, Henry. 'In the Beginning: Forensic Applications of DNA Technologies.' In: Erlich, Henry./ Stover, Eric./ and White, Thomas J. eds. *Silent Witness*. Oxford: Oxford University Press, 2020, pp. 15-33.

European Platform for Conflict Prevention and Transformation. *Prevention and Management of Violent Conflicts, 1998 Edition*. Utrecht: European Platform for Conflict Prevention and Transformation, 1998.

Farre, Sebastien. 'The ICRC and the Detainees in Nazi Concentration Camps (1942-1945).' *International Review of the Red Cross*, 94:888, Winter 2012, pp. 1381-1408.

Favez, Jean-Claude. *The Red Cross and the Holocaust*. Edited and translated by Fletcher, John. and Fletcher, Beryl. New York: Cambridge University Press, 1999.

Ferllini, Roxana. ed. *Forensic Archaeology and Human Rights Violations*. Springfield: Charles C. Thomas, 2007.

*Final Act of the International Conference on Human Rights* (Teheran, 22 April to 13 May 1968). New York: United Nations, 1968.

*Final Record of the Diplomatic Conference of Geneva of 1949*. Berne: Federal Political Department, 1963.

Fletcher, Laurel E. and Weinstein, Harvey M. 'A World unto Itself? The Application of International Justice in the Former Yugoslavia.' In: Stover, Eric. and Weinstein, Harvey M. eds. *My Neighbor, My Enemy: Justice and Community in the Aftermath of Mass Atrocity*. Cambridge: Cambridge University Press, 2004, pp. 29-48.

Flucher, Guy. 'Modes et lieux d'inhumation, du champ de bataille aux nécropoles nationales.' In: Homer, Isabelle. et Pénicaut, Emmanuel. dir. *Le soldat et la mort dans la Grande Guerre*. Rennes, 2016, pp. 113-128.

Fondebrider, Luis and Scheinsohn, Vivian. 'Forensic Archaeology: the Argentinian Way.'

*Salvador*. April 1993.
*Conférences internationales à Paris. Sociétés de secours aux blessés militaires des armées de terre et de mer. Tenues à Paris en 1867*. Paris: Commission générale des Délégués and Imprimerie Baillière & Fils.
Conway-Lanz, Sahr. 'The Ethics of Bombing Civilians After World War II: The Persistence of Norms Against Targeting Civilians in the Korean War.' *The Asia-Pacific Journal*, 12:37, No. 1, 2014, pp. 1-22.
Conway-Lanz, Sahr. 'The Struggle to Fight a Humane War: The United States, the Korean War, and the 1949 Geneva Conventions.' In: Evangelista, Matthew. and Tannenwald, Nina. eds. *Do the Geneva Conventions Matter?* New York: Oxford University Press, 2017.
Cosmas, Graham A. *MACV: The Joint Command in the Years of Withdrawal, 1968-1973*. Washington, D.C.: U.S. Army Center of Military History, 2006.
Cowell, Alan. and Myers, Steven Lee. 'U.N. Panel Accuses Syrian Government of Crimes Against Humanity.' *The New York Times*, February 23, 2012.
Crandall, Russel. *The Salvador Option: The United States in El Salvador, 1977-1992*. New York: Cambridge University Press, 2016.
Cropp, Joe. *The Humanitarian Fix: Navigating Civilian Protection in Contemporary Wars*. Abingdon: Routledge, 2021.
Crossland, James. *War, Law and Humanity: The Campaign to Control Warfare, 1853-1914*. London: Bloomsbury, 2018.
Crowley, Michael. 'United Nations Mechanisms to Combat the Development, Acquisition and Use of Chemical Weapons.' In: Crowley, Michael./Dando, Malcolm./ and Shang, Lijun. eds. *Preventing Chemical Weapons: Arms Control and Disarmament as the Sciences Converge*. London: The Royal Society of Chemistry, 2018, pp. 101-145.
Crowley, Michael./ Dando, Malcolm./ and Shang, Lijun. eds. *Preventing Chemical Weapons: Arms Control and Disarmament as the Sciences Converge*. London: The Royal Society of Chemistry, 2018.
Cuéllar, Roberto. With a response by Rev. Pelton, R. S. 'The Legal Aid Heritage of Oscar Romero.' In: Rev. Pelton, Robert S. et al. *Archbishop Romero and Spiritual Leadership in the Modern World*. Maryland: Lexington Books, 2015, pp. 147-160.
Cullen, Anthony. *The Concept of Non-International Armed Conflict in International Humanitarian Law*. Cambridge: Cambridge University Press, 2010.
Currey, Cecil B. 'Free Fire Zones.' In: Tucker, Spencer. ed. *The Encyclopedia of the Vietnam War: A Political, Social and Military History*. Santa Barbara, California: ABC-CLIO, 2011, pp. 394-395.
Daddis, Gregory A. *No Sure Victory: Measuring U.S. Army Effectiveness and Progress in the Vietnam War*. New York: Oxford University Press, 2011.
Dendooven, Dominiek. '"Bringing the Dead Home": Repatriation, Illegal Repatriation and Expatriation of British Bodies during and after.' In: Cornish, Paul. and Saunders, Nicholas J. eds. *Bodies in Conflict: Corporeality, Materiality and Transformation*. London: Routledge, 2014, pp. 66-79.

Bodart, Gaston. *Losses of Life in Modern Wars: Austria-Hungary; France*. Edited by Westergaard, Harald. Oxford: The Clarendon Press, 1916.

Boissier, Pierre. *From Solferino to Tsushima: History of the International Committee of the Red Cross*. Geneva: Henry Dunant Institute, 1985.

van Boven, Theo. 'The United Nations High Commissioner for Human Rights: The History of a Contested Project.' *Leiden Journal of International Law*, 20:4, December 2007, pp. 767-784.

Bradley, Mark Philip. *The World Reimagined: Americans and Human Rights in the Twentieth Century*. Cambridge: Cambridge University Press, 2016.

Brunborg, Helge. 'Contribution of Statistical Analysis to the Investigations of the International Criminal Tribunals.' *Statistical Journal of the United Nations Economic Commission for Europe*, 18:2-3, 2001, pp. 227-238.

Brunborg, Helge./ Lyngstad, Torkild Hovde./ and Urdal, Henrik. 'Accounting for Genocide: How Many Were Killed in Srebrenica?' *European Journal of Population*, 19:3, 2003, pp. 229-248.

Burke, Roland. *Decolonization and the Evolution of International Human Rights*. Philadelphia: University of Pennsylvania Press, 2010.

Busch, Nathan E. and Pilat, Joseph F. *The Politics of Weapons Inspections: Assessing WMD Monitoring and Verification Regimes*. Stanford: Stanford University Press, 2017.

Cairns, Edmund. *A Safer Future: Reducing the Human Costs of War*. Oxford: Oxfam Insight series, 1997.

Cameron, Lindsey. 'The ICRC in the First World War: Unwavering Belief in the Power of Law?' *International Review of the Red Cross*, 97:900, 2015, pp. 1099-1120.

Capdevila Luc. et Voldman, Danièle. 'Du numéro matricule au code génétique: la manipulation du corps des tués de la guerre en quête d'identité.' *Revue internationale de la Croix-Rouge*, décembre 2002, vol. 84, no. 848, pp. 751-765.

Capdevila, Luc. and Voldman, Danièle. *War Dead: Western Societies and the Casualties of War*. Translated by Veasey, Richard. Edinburgh: Edinburgh University Press, 2006.

'Chemical Weapons Body Defends Syria Attack Conclusions After Leaks.' *Reuters*, November 25, 2019.

Chulov, Martin. 'Syria Attacks Involved Chemical Weapons, Rebels and Regime Claim.' *The Guardian*, March 19, 2013.

Clodfelter, Michael. *Warfare and Armed Conflicts: A Statistical Reference to Casualty and Other Figures, 1500-2000*. London: McFarland, 2002.

Cohen, Esther Rosalind. *Human Rights in the Israeli-Occupied Territories, 1967-1982*. Manchester: Manchester University Press, 1985.

Cole, Ben. *The Syrian Information and Propaganda War*. Cham: Palgrave Macmillan Cham, 2022.

Commission for Historical Clarification (CEH). *Guatemala: Memory of Silence, Report of the Commission for Historical Clarification, Conclusions and Recommendations*. February 1999.

Commission on the Truth for El Salvador. *From Madness to Hope: The 12-year War in El*

Ball, Howard. *Working in the Killing Fields: Forensic Science in Bosnia*. Washington, D.C.: Potomac Books, 2015.

Ball, Patrick. 'The Guatemalan Commission for Historical Clarification: Generating Analytic Reports Inter-Sample Analysis.' In: Ball, Patrick./ Spirer, Herbert F./ and Spirer, Louise. eds. *Making The Case: Investigating Large Scale Human Rights Violations Using Information Systems and Data Analysis*. Washington: American Association for the Advancement of Science, 2000, pp. 259-284.

Ball, Patrick. and Price, Megan. 'The Statistics of Genocide.' *Chance*, 31:1, pp. 38-45.

Ball, Patrick./ Kobrak, Paul./ and Spier, Herbert F. *State Violence in Guatemala, 1960-1996: A Quantitative Reflection*. Washington, D.C.: American Association for the Advancement of Science, 1999.

Ball, Patrick./ Tabeau, Ewa./ and Verwimp, Philip. 'The Bosnian Book of Dead: Assessment of the Database (Full Report).' HiCN Research Design Notes 5, June 17, 2007.

Barnett, Michael. *Empire of Humanity: A History of Humanitarianism*. Ithaca and London: Cornell University Press, 2011.

Barrett, Michèle. 'Subalterns at War: First World War Colonial Forces and the Politics of the Imperial War Graves Commission.' *Interventions*, 9:3, pp. 451-474.

Barrett, Michèle. 'White Graves and Natives.' In: Cornish,Paul. and Saunders, Nicholas J. eds. *Bodies in Conflict: Corporeality, Materiality, and Transformation*. London: Routledge, 2014, pp. 80-90.

Barrett, Michèle. 'Sent Missing in Africa.' In: http://www.michelebarrett.com/wp-content/uploads/2019/11/Sent-Missing-in-Africa.pdf

Bellingcat. 'The OPCW Douma Leaks Part 1: We Need To Talk About "Alex"' (January 15, 2020). In: https://www.bellingcat.com/news/mena/2020/01/15/the-opcw-douma-leaks-part-1-we-need-to-talk-about-alex/

Bellingcat. 'The OPCW Douma Leaks Part 2: We Need To Talk About Henderson' (January 17, 2020). In: https://www.bellingcat.com/news/mena/2020/01/17/the-opcw-douma-leaks-part-2-we-need-to-talk-about-henderson/

Bennett, Huw. *Fighting the Mau Mau: The British Army and Counter-Insurgency in the Kenya Emergency*. Cambridge: Cambridge University Press, 2013.

Benvenisti, Eyal. 'The Origins of the Concept of Belligerent Occupation.' *Law and History Review*, 26:3, 2008, pp. 621-648.

Bernstein, Richard. 'U.N. Rights Study Finds Afghan Abuses by Soviet.' *The New York Times*, March 1, 1985.

Best, Geoffrey. *Humanity in Warfare: The Modern History of the International Law of Armed Conflicts*. London: Weidenfeld and Nicolson, 1980.

Best, Geoffrey. *War and Law since 1945*. Oxford: Clarendon Press, 1994.

Black, Ian. 'Syria: What Is on the Other Side of Barack Obama's Red Line?' *The Guardian*, June 14, 2013.

Blau, Soren. and Ubelaker, Douglas H. eds. *Handbook of Forensic Anthropology and Archaeology*. London: Routledge, 2016.

# 参考文献


Acheson, Secretary. 'North Korea Slanders U.N. Forces to Hide Guilt of Aggression.' *U.S. Department of State Bulletin*, September 18, 1950, p. 454.

*Actes de la Conférence de Révision réunie à Genève du 11 juin au 6 juillet 1906*. Genève: Imprimerie H. Jarrys, 1906.

Ahlstrom, C. and Nordquist, K. A. *Casualties of Conflict*. Uppsala: Department of Peace and Conflict Research, Uppsala University, 1991.

Alexander, Amanda. 'A Short History of International Humanitarian Law.' *The European Journal of International Law*, 26:1, pp. 109-138.

Alexander, Amanda. 'The Genesis of the Civilian.' *Leiden Journal of International Law*, 20, 2007, pp. 359-376.

Al-Ghazzi, Omar. 'An Archetypal Digital Witness: The Child Figure and the Media Conflict over Syria.' *International Journal of Communication*, 13, 2019, pp. 3225-3243.

Alston, Philip. and Knuckey, Sarah. eds. *The Transformation of Human Rights Fact-Finding*. New York: Oxford University Press, 2016.

Americas Watch. *El Salvador's Decade of Terror*. New Haven: Yale University Press, 1991.

Americas Watch. *U.S. Reporting on Human Rights in El Salvador: Methodology at Odds with Knowledge*. New York: Americas Watch, 1982 June.

Americas Watch and ACLU. *Third Supplement to the Report on Human Rights in El Salvador*. New York: Americas Watch Committee, 1983.

Americas Watch Committee. *Report on Human Rights in El Salvador*. Washington, D. C.: The Union, 1982.

Andén-Papadopoulos, Kari. 'Citizen Camera-Witnessing: Embodied Political Dissent in the Age of "Mediated Mass Self-Communication".' *New Media & Society*, 16:5, 2014, pp. 753-769.

Andreas, Peter. and Greehill, Kelly M. *Sex, Drugs, and Body Counts: The Politics of Numbers in Global Crime and Conflict*. Ithaca and London: Cornell University Press, 2010.

Appy, Christian G. *Working-Class War: American Combat Soldiers and Vietnam*. Chapel Hill: University of North Carolina Press, 1993.

Ashbridge, Sarah I. and O'Mara, David. 'The *Erkennungsmarke*: The Humanitarian Duty to Identify Fallen German Soldiers 1866-1918.' *Journal of Conflict Archaeology*, 15:3, 2020, pp. 192-223.

Ashbridge, Sarah I. and Verdegem, Simon. 'Identity Discs: The Recovery and Identification of First World War Soldiers Located during Archaeological Works on the Former Western Front.' *Forensic Science International*, 317, 2020, pp. 1-14.

Asher, Jana./ Banks, David./ and Scheuren, Fritz J. eds. *Statistical Methods for Human Rights*. New York; London: Springer, 2008.

| | | |
|---|---|---|
| 1998 | 4月 | グアテマラの「歴史的記憶の回復プロジェクト」（REMHI）が最終報告書を発表 |
| 2001 | 8月 | ラディスラブ・クルスティチの第一審の判決が出る |
| 2002 | 7月 | 国際刑事裁判所（ICC）設立 |
| 2006 | 3月 | 国連人権委員会が人権理事会に改組 |
| 2011 | 3月 | シリアでアサド政権に対する抗議運動と政府による弾圧が発生 |
| | 9月 | OHCHRがシリアの人権侵害状況についての報告書を発表 |
| 2012 | 8月 | 国連の独立国際委員会がシリアの人権状況に関する第三報告書を発表 |
| 2013 | 3月 | 国連の潘基文事務総長がシリアの化学兵器問題に関して独立調査チームの設置を決定 |
| | 8月 | シリアのグータで化学兵器攻撃が発生 |
| | 9月 | 国連のシリア化学兵器調査チームが最初の報告書を発表 |
| 2014 | 1月 | 国連がシリア紛争の死者数の計測を中止することを表明 |
| | 7月 | マレーシア航空機撃墜事件 |
| | 12月 | ICMPが行方不明者の捜索を目的とする国際組織としての法的地位を獲得 |
| 2016 | 3月 | ラドバン・カラジッチの第一審の判決が出る |
| 2017 | 12月 | ICTY閉廷 |
| 2018 | 4月 | シリアのドゥーマで化学兵器攻撃が発生 |
| 2019 | 3月 | OPCWがシリアの化学兵器攻撃に関する最終報告書を発表 |
| 2022 | 2月 | ロシアがウクライナに軍事侵攻 |
| | 6月 | OHCHRがシリア紛争に関する報告書で、文民死者の総数を発表 |

| | | |
|---|---|---|
| 1973 | 9月 | チリでアウグスト・ピノチェトがクーデタで政権掌握 |
| | 12月 | アレクサンドル・ソルジェニーツィンが『収容所群島』をフランスで発表 |
| 1976 | 3月 | アルゼンチンでクーデタにより軍事独裁政権が成立（ここから「汚い戦争」開始） |
| 1977 | 2月 | アルゼンチンの統計学者カルロス・ノリエガが政府に拘束される |
| | 6月 | ジュネーブ諸条約の追加議定書成立 |
| | 10月 | アムネスティ・インターナショナルがノーベル平和賞受賞 |
| 1978 | | ヘルシンキ・ウォッチ設立 |
| 1979 | 12月 | ソ連がアフガニスタンに侵攻 |
| 1980 | 3月 | エルサルバドル紛争勃発（～1992年1月） |
| | 9月 | イラン・イラク戦争勃発（～1988年8月） |
| 1981 | 3月 | 国連人権委員会がエルサルバドル紛争での人権侵害に関する調査を決定 |
| | 11月 | グアテマラのロメロ・ルカス・ガルシア将軍が軍事作戦「灰」を開始 |
| 1982 | 1月 | アメリカズ・ウォッチがエルサルバドル紛争での人権侵害に関する報告書を発表 |
| 1984 | 3月 | 国連経済社会理事会で、アフガニスタンの人権状況に関する特別報告者の指名を勧告 |
| | 3月 | 国連のデ・クエヤル事務総長が化学兵器の専門家チームをイランに派遣 |
| 1986 | | 「人権のための医師団」（PHR）設立 |
| 1988 | 10月 | PHR がトルコで化学兵器によるクルド人の被害調査を行う |
| 1991 | 6月 | 旧ユーゴスラビア紛争勃発（～2001年8月） |
| 1993 | 5月 | 旧ユーゴスラビア国際刑事裁判所（ICTY）設立 |
| | 12月 | 国連総会にて国連人権高等弁務官ならびに事務所（OHCHR）創設を決定 |
| 1994 | 6月 | グアテマラ内戦の真相究明委員会（CEH）設立 |
| 1995 | 7月 | ボスニア紛争でスレブレニツァ事件発生 |
| 1996 | 4月 | ICTY がスレブレニツァ事件に関する本格的な遺体調査を開始 |
| | 6月 | G7サミットで「国際行方不明者委員会」（ICMP）設立 |

| | | |
|---|---|---|
| 1915 | 3月 | イギリスで墓地登録委員会設立 |
| 1919 | 1月 | パリ平和会議開催 |
| 1921 | | スペイン・モロッコ戦争（リーフ戦争）開始 |
| 1925 | 6月 | 「窒息性ガス、毒性ガス又はこれらに類するガス及び細菌学的手段の戦争における使用の禁止に関する議定書」（ジュネーブ議定書）成立 |
| 1929 | 7月 | 「捕虜の待遇に関するジュネーブ条約」成立 |
| 1936 | | ドイツで神経ガス、タブンが開発される |
| 1938 | | ドイツで神経ガス、サリンが開発される |
| 1939 | 9月 | 第二次世界大戦勃発（～1945年9月） |
| 1945 | 4月<br>11月 | サンフランシスコ会議開催<br>ニュルンベルク国際軍事裁判開廷 |
| 1946 | 2月<br>5月 | 国連人権委員会設立<br>極東国際軍事裁判（東京裁判）開廷 |
| 1947 | 4月<br>8月 | ジュネーブで国際人道法に関する専門家会議開催<br>ストックホルムで第一七回赤十字国際会議開催 |
| 1948 | 12月 | 「集団殺害罪の防止および処罰に関する条約」（ジェノサイド条約）成立 |
| 1949 | 4月 | ジュネーブで戦争被害者保護のための国際条約締結に関する外交会議開催、そこで1949年のジュネーブ諸条約が成立 |
| 1950 | 6月 | 朝鮮戦争勃発（～1953年7月） |
| 1961 | 5月 | アムネスティ・インターナショナル設立 |
| 1962 | 9月 | イエメン内戦勃発（～1970年12月） |
| 1965 | 3月 | アメリカがベトナム戦争で北爆を本格的に開始 |
| 1967 | 6月5日<br>7月 | 第三次中東戦争勃発（～1967年6月10日）<br>ビアフラ戦争勃発（～1970年1月） |
| 1968 | 3月<br>4月<br>12月<br>12月 | ベトナム戦争でソンミ村虐殺事件発生<br>テヘランで国際人権会議開催<br>国連が第三次中東戦争の被占領地についての特別調査委員会を設置<br>ベルナール・クシュネルらが「ビアフラ・ジェノサイド反対委員会」設立 |

# 関連年表

| | | |
|---|---|---|
| 1853 | 10月 | クリミア戦争勃発（～1856年3月） |
| 1859 | 4月 | 第二次イタリア独立戦争（イタリア統一戦争）勃発（～1859年7月） |
| 1861 | 4月 | アメリカ南北戦争勃発（～1865年5月） |
| 1862 | | アンリ・デュナン『ソルフェリーノの思い出』公刊 |
| 1864 | 8月 | 「戦地にある軍隊の傷者及び病者の状態の改善に関する条約」（1864年のジュネーブ条約）成立 |
| 1866 | 6月 | 普墺戦争勃発（～1866年8月） |
| 1867 | 8月22日<br>8月26日 | ヴュルツブルク会議開催<br>第一回赤十字国際会議開催 |
| 1869 | 4月 | 第二回赤十字国際会議開催 |
| 1870 | 7月 | 独仏戦争勃発（～1871年5月）<br>ギュスタブ・モアニエ『ジュネーブ条約の研究』公刊 |
| 1873 | | ベルギーにて国際法協会設立 |
| 1877 | 4月 | 露土戦争（～1878年3月） |
| 1880 | 9月 | 国際法協会にてオクスフォード提要採択 |
| 1896 | | 有賀長雄『日清戦役国際法論』公刊 |
| 1898 | 4月 | 米西戦争勃発（～1898年12月） |
| 1899 | 5月<br>7月 | 第一回万国平和会議開催<br>「海上にある軍隊の傷者、病者及び難船者の状態の改善に関するジュネーブ条約」成立 |
| 1904 | 2月 | 日露戦争勃発（～1905年9月） |
| 1906 | 7月 | 「戦地軍隊における傷者及病者の状態改善に関する条約」（1906年のジュネーブ条約）成立 |
| 1907 | 6月 | 第二回万国平和会議開催 |
| 1911 | | 有賀長雄『日露陸戦国際法論』公刊 |
| 1914 | 7月<br>8月 | 第一次世界大戦勃発（～1918年11月）<br>ICRCが国際捕虜情報機関を設置 |

五十嵐元道

1984年北海道生まれ。2014年英サセックス大学国際関係学部博士課程修了（D.Phil）。北海道大学大学院法学研究科高等法政教育研究センター助教、日本学術振興会特別研究員（PD）、関西大学政策創造学部准教授を経て、23年より教授。専攻は国際関係論、国際関係史。著書に『支配する人道主義——植民地統治から平和構築まで』（岩波書店、2016年）。共著に『グローバル・ガバナンスの歴史と思想』（有斐閣、2010年）、『EUの規制力』（日本経済評論社、2012年）、『「国際政治学」は終わったのか』（ナカニシヤ出版、2018年）ほか。本作で第23回大佛次郎論壇賞受賞。

戦争《せんそう》とデータ
死者《ししゃ》はいかに数値《すうち》となったか

〈中公選書 139〉

著　者　五十嵐元道《いがらしもとみち》

2023年７月10日　初版発行
2023年12月30日　再版発行

発行者　安 部 順 一

発行所　中央公論新社
〒100-8152　東京都千代田区大手町 1-7-1
電話　03-5299-1730（販売）
03-5299-1740（編集）
URL　https://www.chuko.co.jp/

ＤＴＰ　市川真樹子
印刷・製本　大日本印刷


Published by CHUOKORON-SHINSHA, INC.
Printed in Japan　ISBN978-4-12-110140-2 C1331
定価はカバーに表示してあります。

落丁本・乱丁本はお手数ですが小社販売部宛にお送り下さい。
送料小社負担にてお取り替えいたします。